每天学点心理学

一看就懂 一学就会的心理学方法

郭月◎著

日常生活中的心理策略
人际交往中的智慧赢家

人人读得懂，每天都在用，心理学就是这么简单

洞悉人心的心理策略，洞察人性的处世技巧

本书教会你认清自己、看穿他人，洞察人性、智慧处世。
开心理学的神秘面纱，
索人类思维的奥秘。

北方妇女儿童出版社
·长春·

图书在版编目（CIP）数据

每天学点心理学 / 郭月著. -- 长春 : 北方妇女儿童出版社, 2019.3（2023.12重印）

ISBN 978-7-5585-3236-8

Ⅰ. ①每… Ⅱ. ①郭… Ⅲ. ①心理学—通俗读物 Ⅳ. ①B84-49

中国版本图书馆CIP数据核字（2018）第291302号

每天学点心理学

出 版 人　师晓晖
封面设计　艺和天下
责任编辑　张晓峰
开　　本　32
印　　张　6
字　　数　145千字
印　　刷　唐山市铭诚印刷有限公司
版　　次　2019年3月第1版
印　　次　2023年12月第2次印刷
出　　版　北方妇女儿童出版社
发　　行　北方妇女儿童出版社
地　　址　长春市福祉大路5788号龙腾国际出版大厦A座
电　　话　编辑部：0431-81629613

定　　价　45.00元

前言

为什么要学习心理学？人生一世，到底追求的是什么？很多人会说：快乐！的确，实现快乐正是生命的意义所在。那么，快乐是什么呢？快乐是一种心理感受，是人们的一种心理感知。可是，如何获得快乐呢？这便是一个涉及心理学领域的命题。因此如果你希望与快乐为伴，你应该学点儿心理学。

心理学是一门研究人类的心理现象、精神功能和行为的科学，既是一门理论学科，也是一门应用学科。心理学研究涉及知觉、认知、情绪、人格、行为、人际关系、社会关系等许多领域，也与日常生活的许多领域——家庭、教育、健康、社会等发生关联。

心理学是与生活息息相关的。如果我们能轻松调控自己的心理情绪，就能使自己积极、乐观地对待所有问题；如果我们能轻松地会意对方的心理，就可以实现完美的交际……学好心理学，可以让自己在社交、爱情、职场、生活等诸多方面占尽优势、游刃有余。心理学教你看透他人的心理，揣度他人的思想，预测他人的行为；让你拥有更加广阔的心胸去接纳生活；让你拥有自信和成功。

《每天学点心理学》将复杂的人生心理学简单化，综合了日常生活中人们常出现的心理状况和问题，结合理论和方法给我们正确的启迪。它对调整个人的心态、保持健康的心理、积极面对生活的压力提出了许多行之有效的方法。它能使人的心理获得犹如突然面朝大海，春暖花开那样的感觉；它能促进人的理解力和进取心，使人变得善解人意、充满激情，如同交给读者一把打开幸福盒子的钥匙，让读者在轻松的阅读中掌握生活的奥秘。

第一章　健康心理，健康生活

什么是心理健康 / 1
为什么人需要心理健康 / 3
心理健康的人有哪些特点 / 4
保持精力旺盛有哪些秘诀 / 6
身心健康的标准是什么 / 9
人体哪三大“特区”要保健 / 12
为什么道德健康益智强身 / 13
减轻压力的7种简易方法 / 14
什么是上班族的健康术 / 17
怎样避免“办公室综合征”缠身 / 18
心理健康与美有何关系 / 20
心理健康与衰老有何关系 / 21
心理健康与疾病有何关系 / 23
心理健康与长寿有何关系 / 25
健康性格有哪些表现 / 29
青年人心理成熟有哪些标准 / 31
中年人心理健康有哪些标准 / 32
老年人心理健康有哪些标准 / 34
怎样衡量青少年的心理健康 / 35

第二章 各年龄阶段常见的心理问题

影响儿童心理发育的不良因素 / 37
儿童缺乏学习兴趣的心理因素 / 39
什么是逆反心理及表现 / 41
什么是学习疲劳的心理因素 / 42
自学中的“高原现象” / 45
年轻人易发生的适应性障碍 / 47
女性心理需要的方方面面 / 48
孕妇易出现哪些心理现象 / 50
大龄青年择偶的心理问题 / 52
中年妇女易出现的心理问题 / 54
中年人的心理特征和健康标准 / 56
老年人心理衰老的现象 / 58
造成老年人心理障碍的原因 / 59
丧偶对老年人心理的严重影响 / 61

第三章 青春期少男少女的心理健康

青少年有哪些心理特征 / 63
少男少女有哪些不健康心理 / 65
什么是青春期挫折综合征 / 67
青春期有哪些心理特点 / 69
青春期两性心理有哪些差异 / 72
青少年电子游戏机病会引起哪些心理障碍 / 74
青春期精神心理疾病主要有哪些 / 76
为什么少男少女易患“花癫” / 77
如何正确区分早恋与正常交往 / 79

如何避免“罗密欧与朱丽叶效应”／80

第四章　怎样处理家庭生活中常见的心理问题

不孕症会引起哪些家庭心理问题／82
丧偶综合征及对症治疗／84
老年家庭“空巢”造成的心理失调／86
父亲的角色对家庭成员的心理影响／87
母亲的角色对其自身的心理影响／89
家庭成员相互间的心理影响／91
什么叫家庭成员间的心理相容／93
父母与子女不和造成的心理困扰／94
家庭环境不良给孩子带来的心理影响／97
积极改善家庭情绪有利身心健康／98
父母离异对孩子心理健康的影响／101
家庭成员患病时易有的心理表现／103
家中有人患绝症时的心理压力／105
怎样为家中病人做心理护理／108
如何避免因家务造成的心理失调／109
生活事件对心理的影响／111
因财产损失造成的心理障碍／112

第五章　感悟人生

从人生中领受教训／115
想得开才会过得好／118
不必追求每个人的满意／120

生命之舟需要轻载／122
人生要与成功有约／123
命运不是任何人能安排的／126
金钱不是人生的一切／127
经过苦难的人生才幸福甜蜜／133
不把得失看得太重／135
再大的苦难也要自己承受／136
吃亏是一种福／138
失意时要懂得心宽／140
为什么生活中需要一点儿善意谎言／142
学会苦中作乐／144
人生没有过不去的坎／145

第六章　用健康的心态生活

快乐是对生活态度的理解／147
用你的心体验快乐／161
用微笑制造快乐／163
知足和感恩是快乐的源泉／165
快乐发自于内心世界／167
快乐人生靠自己／169
幸福和快乐就在心中／172
每天都乐趣无穷／174
寻找快乐精神的宝库／175
苛求完美就不快乐／177
用机智化解不顺／180

第一章

健康心理，健康生活

什么是心理健康

心理健康是指个体心理在本身及环境条件许可范围内所能达到的最佳功能状态，不是指绝对的十全十美的状态。心理健康包括一切旨在改进及维持上述状态的措施，诸如精神疾病的预防、精神疾病的康复、减轻充满冲突的世界带来的精神压力，以及使人处于能按其身心潜能进行活动的健康水平等。而在我国的一些心理学著作中，认为心理健康是以积极、有效的心理活动，平稳、正常的心理状态，对当前和发展着的社会和自然环境，以及自我内部环境具有良好的适应功能。因而，对心理健康一词我们可以从以下三个方面去理解：

1. 没有心理疾病

心理疾病又称精神疾病，是心理活动的异常表现。没有心理疾病是心理健康的基本要求，因为心理疾病状态下人无法正常地发挥心理活动的功能，对日常生活和工作有明显的影响，心理疾病无疑是心理不健康的表现。

2. 对不良心理活动能够及时而有效地调节

人生活在复杂的社会中，矛盾冲突、压力打击随处可见，没有人能够事事顺心，时时愉快，在各种生活事件中产生消极心理是在所难免的。心理健康的人并不是永远都处于良好的心理状态下，他在生活中也有烦恼，也有痛苦，有这样或那样的心理困扰。出现这些问题时，心理健康的人能及时发现，并能采取合适的方法和手段调节心理活动，使之尽快恢复到正常的活动状态中。在充满竞争的现代社会中，能够很好地调整心态是保持心理健康的一个重要要求。

3. 保持积极、平稳的心理状态

使心理活动正常地发挥功能，在社会生活中充分发挥身心潜能，这是心理健康的理想状态。它包括在各种社会条件下保持平稳、正常的心理状态，不论顺境还是逆境，不论成功还是失败，不论自己处于社会的哪一个位置，心理健康的人都尽可能地做到心平气和、愉快满意地对待现实，较少产生心理困惑。另外，这种理想状态还包括对社会的良好适应能力，比如能够胜任工作和学习，能通过自己的努力获得一定的事业成就与社会认可，能与周围各种人保持融洽的人际关系，勇于承担责任，善于解决面临的各种社会问题等。

为什么人需要心理健康

1. 心理健康才能适应现代瞬息万变的社会环境

在现代社会，新生事物层出不穷。那么如何适应这应接不暇的新知识、新技术，提高自身的生存质量呢？这就必须要有健康的心理，才能提高承受各种压力的能力，才能从容不迫地面对生活。

2. 心理健康才能正确地对待成功与失败

无论在学习上还是生活中，都难免遇到成功与失败，如果心理上不健康，不可避免会对一些事物作出错误的判断。成功时，过分沉湎于胜利的喜悦，看不到前面的征程，这样，必定会停步不前，半途而废；失败时，只会品尝挫折的悲苦，认识不到失败乃成功之母，必定导致精神忧郁、萎靡、一蹶不振。所谓“胜不骄，败不馁”正是心理健康的表现。

3. 心理健康才能与人为善，和谐相处

现代社会单靠自己的力量很难在某项事业上获得成功。只有靠集体的智慧和力量才有可能攀登事业的高峰。因此，现代人极其注意建立良好、和谐的人际关系。心理健康的人，一般心胸豁达，情绪稳定，对同学和朋友热情、体贴，乐于助人。因此，能够建立起良好的人际关系，才能够把自己的力量融入

集体的力量之中。团结合作，取得成功。

4. 心理健康才能有效地抵制疾病，战胜疾病

现代医学证明，有很多疾病与人的心理健康密切相关。例如，消化系统的溃疡病在很大程度上就是受心理因素影响，长久的抑郁、过分的悲伤等，都可使胃液减少，影响消化。而激动、紧张、焦虑等情绪，又可使胃酸分泌持续增加，促发胃溃疡。临床医学证明，心理健康与疾病的治疗效果密切相关。心理健康的人一般表现为有战胜疾病的信心，能够面对现实，放松自己，勇敢乐观地对待疾病，热爱生命，热爱生活，因此能够提高生存的能力和生命的价值。

心理健康的人有哪些特点

美国著名心理学家马斯洛和米特尔曼认为，心理健康有10种表现：①有足够的自我安全感；②能充分了解自己，并对自己的能力有正确的评价；③生活的目标切合实际；④与现实环境保持接触；⑤能保持人格的完整与和谐；⑥善于从经验中学习；⑦能保持良好的人际关系；⑧能适度地发泄情绪和控制情绪；⑨在不违背集体利益的前提下，能有限度地发挥个性；⑩在不违背社会规则的条件下，能恰当地满足个人的基本需求。

除此之外，其他心理学家还有一些不同的理解，概括他们的基本思想，我们可以这样认识心理健康的表现：

首先，要有良好的自我意识。自我意识是个人对自己的意识，包括自我认识、自我体验和自我控制三个方面。良好的自我认识即人常说的“人贵有自知之明”，能够正确、客观地认识和评价自己，并能自尊、自信。良好的自我体验即以积极的情绪状态对待自我，能愉快地接受自己的一切，做到自爱。良好的自我控制即能对自己的情绪和行为进行有效的控制，既能控制个人情绪有适度的表达，又能对自己的行为进行有效的调节，使之符合工作和学习的目标，有良好的意志力。

其次，心理健康还要有良好的社会功能，社会功能良好指人能够对社会环境有良好的适应能力。适应是个人为满足需要而与环境发生的调节作用，在个人需要与环境条件之间，要么改造环境满足个人要求，要么改变自己适应环境要求。心理健康要求与社会现实保持良好的接触，通过接触了解现实条件，在客观条件许可的前提下，恰当地满足个人需要。对社会现实中的各种要求或问题，不退缩，不逃避，用积极有效的方法去应对，使个人与社会和谐共处。

再次，良好的人际关系也是心理健康的基本表现。人际关系即人与人之间的关系，心理健康的人能与其周围的人形成融洽的人际关系，并通过人际交往交流思想感情，消除孤独，获得安全感和归属感，而且能通过人际关系使自己与同事、朋友协同合作。在工作和学习方面互相帮助，共同取得进步。

最后，心理健康者还应有积极的劳动实践。劳动实践是社会得以发展和个人赖以生存的活动之一，通过劳动获得劳动果实或事业成就，会给人以充实感、幸福感和自信心，使自我能力得以发挥，自我价值得以实现，是心理健康在社会活动方面的集中体现。

保持精力旺盛有哪些秘诀

疲劳是大多数人在一天的工作中常会遇到的现象，但如果你刚好在参加一个重要会议时打起盹来，不仅会影响你的形象，而且很可能会耽误大事。怎样才能在工作中经常保持旺盛的精力呢？下面的六种方法也许会使你受益。

1. 适应生物节律

充足的睡眠对保持精力旺盛至关重要。但睡得很好的人也会疲劳，这是受你的生物节律所致。如果你在晚上11点或12点上床睡觉，第二天上午10点或11点会是你精力最旺盛之时，而在下午1点到4点之间你可能会感到困倦（部分人在晚上6点至9点之间会出现另一个精力旺盛的高峰期）。尽管每天的生物节律在控制着我们的身体，但适当的活动、甚至聊天也会有助于你打断生物节律中的困倦期。因而，在下午你通常感到困倦时，可走出去与同事闲聊一会儿，这有助于你清醒。最好的方法是让你的计划适应生物节律，将下午的时间留作处理一些社交类工作，比如给朋友回电话，或带孩子去玩，而在上午精力旺盛时做那些需要集中精力的工作。

2. 注意适当饮食

（1）碳水化合物会增加血管收缩，产生5-羟色胺，它是一种促进睡眠的脑化合物，如果你在午餐时吃的碳水化合物较多的话，在下午就更容易犯困。另外，含脂肪过多的食物不易消化，会导致大脑和机体的能量供应不足，从而引起疲倦。所以，为了保持精力旺盛，我们最好选择那些高蛋白低脂肪的肉类和少量碳水化合物类食物做饮食。

（2）维生素和矿物质储备的降低也会引起疲劳，因而多吃富含矿物质和维生素的水果及蔬菜有助于消除疲劳。如最新研究表明，化学元素硼的摄取量不足会降低大脑的记忆力或使精力不易集中，因而研究人员建议人们吃些富含硼元素的包菜、胡萝卜、苹果、梨、桃、葡萄和花生等食物。

（3）保持血糖水平的均衡有助于能量向大脑和机体输送。达到这一目的的方法是一天吃5餐，每餐吃少量食物，且记，在你需要精力集中之前进餐时不要吃得太多。

（4）有些人试图靠糖果或小甜饼振作精神，但因糖会很快被血液吸收，因而效果不太理想。如果你要在下午4点困倦之时参加一个重要会议，不妨吃些松饼饼干、水果加少量碳水化合物等食物，它有助于你的活力坚持得更久。

（5）咖啡因的刺激也能增进大脑的活力，但使其兴奋的作用同摄入量的多少并不成正比。研究表明，最有效的咖啡因量是128毫克，多喝也不会起更大的作用。

3. 有规律地锻炼

当你感到困倦时，做些适量的运动会使你活力再现，但并不需要锻炼过长时间，只是围着大楼转一圈就会使你的肾上腺素水平增加而在短时间内活力重现。

4. 保持精神愉悦

疲劳看似是身体上的，但实际上常常是由心理上的烦恼，特别是压抑或愤怒造成的。一位心理学教授说："过度疲劳和情绪低落应被视作危险信号。要注意是什么在烦你，无论它是工作上的不快，还是家庭中的麻烦，你虽然无法改变一切，但你应该能改变自己看待和处理它们的态度。首先在精神上振作起来，才能在工作中充满活力。"

5. 向运动员学习

在竞赛中，运动员是怎样克服疲劳的呢？他们的秘诀是深呼吸。运动心理学家认为，深呼吸有助于消除疲劳。方法是，用鼻子吸气，直到下腹部胀满，然后稍有停歇，让空气在体内循环一下，再慢慢地将它们呼出，并配合收腹运动。

6. 选好"健康点"

现在生活好了，人们开始注意锻炼身体了。但怎么锻炼、锻炼些什么？这里有个选好"健康点"的问题。

所谓"健康点"——就是指适合自己的运动项目。例如，打乒乓球、门球、羽毛球，或者去游泳、爬山、跳舞等等，只要能锻炼身体的都可以考虑，但要把握好以下几个原则：

根据个人兴趣爱好选择，如果自己不喜爱就很难长期坚持。

要根据现实条件确定，再有爱好，没条件也不行。要想打乒乓球，得有球台；想跳舞，得有场地。总之，要能够做得到，才可以决定选出哪一种健身活动。

因人而异，量体裁衣。持别是中老年人，选择适宜自己年龄、体力的项目。

当然，一旦选准了项目，要舍得花钱、花时间。

练吧，正如《健康歌》中所唱的：咱们大家来锻炼，活动活动身体好。

身心健康的标准是什么

以往人们认为，所谓身心健康就是没有疾病，即身体检查找不到哪一部分有病态的症状。随着人类社会的不断进步，人们逐渐认识到人是一个身心统一体，人的健康不仅仅是没有身体疾病，而且应该是心理上同样没有不正常现象。

WHO（世界卫生组织）曾对健康下过这样的定义："健康不仅仅是没有疾病，而且是身体上、心理上和社会上的完好状态。”即人的健康包括身体健康、精神健康和社会适应能力良好三个方面。

最近，WHO具体提出了人的身心健康标准，它包括肌体和精神的健康状态。肌体健康可用“五快”来衡量，精神健康可用“三良”来衡量。

“五快”是：

1．吃得快

吃饭时有很好的胃口，能快速吃完一餐饭而不挑剔食物，食欲与进餐时间基本一致，这证明内脏功能正常。吃得快并不是狼吞虎咽，不辨滋味，而是吃饭时不挑食、不偏食，没有难以下咽的感觉。吃得顺利，吃完后感到满足，没有过饱或不饱的不满足感。

2．便得快

有便意时，能很快排泄大小便。且感觉轻松自如，在精神上有一种良好的感觉，说明胃肠功能良好。不强行憋便，便后没有疲劳之感。

3．睡得快

晚间定时有自然睡意，上床能很快入睡，而且睡得深；醒后头脑清醒，精神饱满。睡得快重要的是质量，如睡的时间过多，且睡后仍感乏力，则是心理生理的病态表现。如各种心理生理障碍、神经症。睡得快说明中枢神经系统的兴奋、抑制功能协调，且内脏无病理信息干扰。

4．说得快

说话流利，语言表达正确。说话内容有中心，合乎逻辑。能根据话题转换随机应变。表示头脑清楚，思维敏捷，中气充足，心肺功能正常。说话时没有疲倦感，没有头脑迟钝、词不达意的现象。

5. 走得快

行动自如、协调，迈步轻松、有力；转体敏捷，反应迅速，动作流畅。证明躯体和四肢状况良好，精力充沛旺盛。

因诸多病变导致身体衰弱均先从下肢开始，人患有一些内脏疾病时，下肢常有沉重感；心情焦虑、精神抑郁或心理状况欠佳时，则往往感到四肢乏力，步履沉重，或是行动不协调，反应欠灵敏。

“三良”是：

1. 良好的个性

性格温和，言行举止使人在心理上能够认可，能够在适应环境中充分发挥自己的个性特点，没有经常性的压抑感和冲动感。意志坚强，自我发展目标明确，工作学习具有自觉性和持续性。感情丰富，热爱生活，总是向前看，具有坦荡胸怀与达观心境。

2. 良好的处世能力

看问题客观现实，具有自我控制能力，与人交往的行为方式能被大多数人所接受。适应复杂的社会环境，对事物的变迁能始终保持稳定而良好的情绪，在不同的环境中能保持适应性，能保持社会外环境和肌体内环境的平衡。

3. 良好的人际关系

有与他人交往的愿望，有选择地交朋友，珍视友情，尊重别人的人格。待人接物能大度和善，既能善待自己，自尊自爱，自信自强，又能宽以待人，对人不吹毛求疵，对他人的问题与人际矛盾不过分计较。能助人为乐，与人为善。

人体哪三大“特区”要保健

人体好比一台复杂的机器，有些部位相当重要。医学家认为，人体有三大保健“特区”，即背部、腋部、肚脐。

中医养生家指出，后背正中的脊柱是人体两条最大经脉之一的督脉必经之地，脊柱两旁的足太阳膀胱经与五脏六腑联系密切。背部保健时，有益于气息运行，血脉流畅。现代医学发现，人的背部皮下蕴藏着大量冲击力很强的免疫细胞。如患感冒或中暑后，用“刮痧”“擦背”等是激活背部免疫细胞的好办法，可治疗感冒和局部疼痛。

腋窝是一个位于肩、背和胸壁之间的空隙，蕴藏着丰富的血管、神经、淋巴结，假如他人用手接触，被接触者就会控制不住大笑。腋部保健至少有两点作用：一是刺激神经、血管和淋巴结，促进神经体液循环，使全身器官能享受到更多的养分与氧气；二是由其引发的大笑，使人体所有的器官甚至细胞都得到运动，于脑、心脏和肺最为有益。

肚脐是中医养生专家十分重视的又一个保健区域。医生用药物敷贴或针灸、热熨等方法疗疾。如敷以黄连粉、牛黄粉能退烧，檀香、细辛粉调酒敷之可缓解心绞痛，用珍珠粉、丹参粉调敷能治疗失眠，用砂仁枳实敷之可调理消化不良。对于健康人，肚脐保健则可使人神清气爽，身体强健。

为什么道德健康益智强身

新千年的健康口号之一：道德健康。

关于健康的概念有了新的发展，世界卫生组织（WHO）即把道德修养纳入了健康的范畴。

将道德修养作为精神健康的内涵，其内容包括，健康者不以损害他人的利益来满足自己的需要，具有辨别真与伪、善与恶、美与丑、荣与辱等是非观念，能按照社会行为的规范准则来约束自己及支配自己的思想行为。

有人会问，道德健康是精神方面的，与肉体有什么关系？把道德健康纳入健康的大范畴，是有科学根据的。巴西医学家马丁斯经过10年的研究发现，屡犯贪污受贿罪行的人，易患癌症、脑出血、心脏病、神经过敏等病症。

善良的品性、淡泊的心境是健康的保证，与人相处善良正直，心地坦荡，遇事出于公心，凡事想着他人，这样便无烦忧，使心理保持平衡，有利健康。良好的心理状态，能促进人体内分泌更多有益的激素、酶和乙酰胆碱等，这些物质能把血液的流量、神经细胞的兴奋调节到最佳状态，从而增强机体的抗病力，促进人们健康长寿。俗话说，笑一笑，十年少；愁一愁，白了头，其道理也在这里。

精神作用对身体的反作用是很强的。有悖于社会道德准则的人，其胡作非为必然导致紧张、恐惧、内疚等种种不安心态，这种精神负担，必然引起神经中枢、内分泌系统的功能失调，干扰其各种器官组织的正常生理代谢过程，削弱其免疫系统的防御能力，最终在恶劣心境的重压和各种身心疾病的折磨下，或早衰，或患病，或丧生。

据此，我们重申：为了我们的身体，也要使道德品行健康起来！

减轻压力的7种简易方法

现代社会充满了挑战和竞争，白领男人的性格和时代的特征联姻，长期处在白热化竞争的气氛中。适度的压力既对工作学习生活有利，也对健康有利，但过度的压力却可能压垮你的精神和身体。这经常会使他们心理极度紧张、苦闷和失望，致使情绪低落。当不堪忍受这种超负荷的精神压力时，自己往往就不能把握自己而失去自控力。

这里向你介绍几种解除压力的秘诀，只要你照着去做，一定能够收到理想的效果。

1. 面对压力要有心理准备

要充分认识到现代社会的高效率必然带来高竞争性和高挑战性，对于由此产生的某些负面影响要有足够的心理准备，免得到时惊慌失措，加重压力。同时心态要保持正常、乐观豁达，不为身处逆境而心事重重，提醒自己任何事不可能都是尽善尽美的。

2. 运动消气

利用空闲时间锻炼身体。法国出现了一种新兴的行业：运动消气中心。中心均有专业教练指导，教人如何大喊大叫，扭毛巾，打枕头，捶沙发等，做一种运动量颇大的“减压消气操”。在这些运动中心，上下左右皆布满了海绵，任人摸爬滚打，随意冲撞。

3. 看恐怖片

美国有专家建议，人们感到工作有压力，是源于他们对工作的责任感。此时他们需要的是鼓励，是打起精神。所以与其通过放松技巧来减轻压力，倒不如激励自己去面对充满压力的情况，例如，去看一场恐怖电影。

4. 嗅嗅香油

在欧洲和日本，风行一种芳香疗法。特别是一些女孩子，都为这些由芳草或其他植物提炼出的香油所醉倒。原来香油能通过嗅觉神经，刺激或平服人类大脑进线系统的神经细胞，对舒缓神经紧张、心理压力很有效果。

5. 吃零食

吃零食的目的并不在于仅仅满足饥饿的需要，而在于对紧张的缓解和内心冲突的消除。当食物与唇部皮肤接触时，一方面它能够通过皮肤神经将感觉信息传递到大脑中枢，从而产生一种慰藉，使人通过与外界物体的接触而消除内心的压力；另一方面当唇部接触食物并咀嚼和吞咽的时候，可以使人对紧张和焦虑的注意力转移，在大脑摄食中枢产生另外一个兴奋区，从而使紧张兴奋区得到抑制，最终使身心得到放松。

6. 穿上称心的旧衣服

穿上一条平时心爱的旧裤子，再套一件宽松衫，你的心理压力不知不觉就会减轻。因为穿了很久的衣服会使人回忆起某一特定时空的感受，并深深地沉浸在缅怀过去如梦般的生活眷恋中，人的情绪也为之高涨起来。与此同时，当人们穿上自己认为非常“顺眼”的衣服，自我感觉良好时，就会重新鼓起面对现实的信心和勇气。

7. 养宠物益身心

一项心理学试验显示，当精神紧张的人在观赏自养的金鱼或热带鱼在鱼缸中姿势优雅地翩翩起舞时，往往会无意识地进入“荣辱皆忘”的境界，心中的压力也大为减轻。东京一家电脑公司的老板为消除雇员的紧张，每个月花2500美元请人定时牵来憨态可掬的牧羊犬，让公司雇员放下手中的工作来逗弄牧羊犬，从而减轻因工作紧张带来的精神压力。

什么是上班族的健康术

1. 办公座椅高低适度

健康的椅子让你坐上去，脚底触地时膝盖恰好呈90度弯曲。小腿要往前伸5～6厘米，如果双腿长时间往内收，会造成血液不顺畅。为避免背部承受太大压力，不要坐得笔直，身体应稍微往后靠在椅背上，使脊椎骨自然弯曲，这样腰背部有椅背相靠可减少酸痛。

2. 不要坐着取物

经常需要伸手取物或弯腰取物的人，不可坐在椅子上取物，因为坐着转动椅子会伤背，所以不如站离座位去取东西。

3. 放置绿色盆栽

办公室里的纸张、油墨、打印机的毒气都容易使人疲劳。在办公室放置绿色盆栽，能起到清新空气的效果。

4. 咖啡和茶不如水

咖啡因加上精制糖，进入人体会消耗肾上腺素，从而加速疲倦。工作六七个小时后疲惫不堪的最大原因是体内水分散失。因此，喝一大杯水即能恢复活力，喝果汁也有帮助，果汁中的果糖能稳定血糖。

5. 找机会做运动

在办公桌旁有多种简单的健身运动可做，如伸屈上肢、扩胸、左右转动头部、深呼吸等运动。这样不但可以缓解精神上的紧张，还可调整身体状况，不致使某一处肌肉的疲劳感扩散到其他肌肉上。

6. 适当休息

如果很困的话，可以做一些轻微的活动，然后以舒适的姿势坐下，或与同事聊聊天，或到阳台呼吸户外空气，这都能帮你解除疲劳。

7. 用冷水洗脸

怎样消除精神疲劳呢？最方便快捷的方法莫如用冷水洗脸。因为办公室的温度温和，使皮肤所受的刺激减少，致使身体易疲倦。用冷水洗脸，精神会为之一振，如果脸上因化妆而不便洗脸，可洗洗手，或在颈部抹一些冷水。

怎样避免“办公室综合征”缠身

现在人们不但生活好了，办公室的条件也好了。现代化的办公楼，新式的办公设备，真让人心旷神怡。但是一部分人在这样的环境下工作反而出现许多过去没有的不适症状，如容易疲倦、头晕、反应迟钝、烦躁、憋闷、食欲缺乏等，医学专家们称之为“办公室综合征”。

为什么会出现这样的“富贵病”呢？经过研究证明，这些异常与办公室环境中的理化污染和紧张的工作节奏有关。

时下，不少办公楼无论是新建的或是旧有的，均安装了空调设备，其中不乏为中央空调系统。空调能给人提供比较适宜的温度，同时也不可避免地带来一些麻烦。为了保持室内温度，门窗紧闭，缺乏自然通风，人们呼出的大量二氧化碳、吸烟产生的烟雾、某些办公设备如复印机等散发的有害气体，这些物质积聚其中，加之空调系统里有水分滞留，成为某些细菌、霉菌和病毒的繁殖之地。久而久之，被关在“方盒子”里的人不得病才怪呢。

特别是办公室里的现代化办公设备，尤其是电脑、显示器、手持电话及其他电子设备均产生不同程度的辐射。虽然就单一设备而言其所释放的电离辐射一般符合工业卫生标准，但如果人们长期处于这些电子设备包围的环境中，持续的辐射难免对人体产生不利的影响。此外，建筑本身用料，装修的材质，也会不同程度地挥发有害物质。为了防止“办公室综合征”缠身，应从改善环境因素以及自我调节、增强个人体质入手，减少办公环境中的有害物质，禁烟、通风，适度锻炼，这样可以较好地摆脱那些不利因素对健康的影响。

心理健康与美有何关系

谁不想自己的面部皮肤亮丽，容光焕发。谁不想自己的身材健美，仪表堂堂。然而，仅仅靠涂脂抹粉并不能使青春常驻，容颜不衰，因为这只能起到暂时掩盖的作用。而心理健康、心情舒畅，才是青春焕发的秘诀。正如古医书《长生秘诀》里所说："人之心思，一存和说，其颜色现于外者，俨然蔼美。"

对于人来讲，美的前提是健康，包括身体健康和心理健康。身体健康对于美是直接的、表面的，而精神健康对于美是内涵的、根本的。美，首先表明一个人的心灵、气质、生命活力及民族特点。容貌不可能是一个模式，各种不同的容貌只有通过心灵、气质表现自己的美。现代心理学认为，那些能够满足需要或适合社会要求的对象，就会引起肯定的情绪体验，如满意和愉快等；那些不能满足需要或不适合社会要求的东西，就会引起否定的情绪体验，如不满意、痛苦、忧愁、恐惧、愤怒和仇恨等。积极的情绪体验能提高人的活力，增强人的体力、精力，驱使人去活动；反之，消极的情绪体验则会降低人的活力，减弱人的精力。要想保持容颜美，必须有良好的精神状态，即使是发生了不顺心的事，也要极力摆脱情绪的影响，千万不要受不良情绪的影响。要时刻牢记，人只有在笑的时候，才是最美的。当然，并不是所有的笑都好看，皮笑肉不笑就毫无美可言。

由上可知，真正的美丽是来自健康，尤其是心理健康。请记住孔子讲的话："发愤忘食，乐以忘忧，不知老之将至云尔。"只要我们保持乐观的心境，科学对待和积极避免情绪过激，就能保持美丽的容颜。

心理健康与衰老有何关系

科学研究表明，衰老虽是个生物学的自然过程，但社会心理因素却起着明显而又重要的延缓或促进衰老的双向调节作用。美国学者芮格利1976年提出：老年性的诸多衰老征象有可能是心理冲突、痛苦与防御的累积的结果。他在治疗一位70多岁的女患者时，发现她明显的衰老并非是躯体器质性的衰老过程，而是压抑在她内心的10多年的心理创伤所致。芮格利指出："这位病人，现在假使存在着弥漫性大脑皮层萎缩，但经神经病学和放射学检查都不能发现任何器质性改变，也没有证据说明她患有脑血管疾病。其精神状态很明显地随着隐情的起伏而波动。"有人对50～80岁患者所做的调查和检查亦表明，他们的性欲和记忆力并不像我们传统的认识那样，有很大的衰退和丧失。许多衰老患者并非是生理年龄意义上的衰老，而是心理、社会年龄意义上的衰老，是后者导致了直观上的老态龙钟，加速了生理衰老过程。

随着时间的流逝，人总会逐渐老，黑发变白，额头皱起，体力衰弱，精力减退，开始步入老境。尽管衰老是人生旅途无法回避的问题，但每个人衰老的早晚却很不相同。如我国现存最早的医学经典著作《黄帝内经》里说："上古之人，春秋皆度百岁，而动作不衰；而今世之人，年半百而动作皆衰者，时世异耶？人将失之耶？"这里再清楚不过地说明了人的衰老和年龄并不成正比。一些懂得养生之道的人，尽管年龄很大，但其精神状态、行为动作上并不显得老；而那些日常不注意养生的人，可能还不到衰老的年龄，就从内心到外形上表现出衰老的现象。

引起衰老的原因很多，其中不懂得精神保健是重要的一方面。俗话说："笑一笑，少一少；愁一愁，白了头。"这里一针见血地指出了一个人老还是不老，与其精神状态密切相关。在精神上经常保持愉快、乐观的人，就不易衰老；相反，时常忧虑、悲观的人，会使衰老提前到来。传说中的伍子胥过昭关，一夜之间白了头，就是一个再典型不过的例子。

心理健康与疾病有何关系

当前随着社会的前进，经济的发展，人类已进入情绪负重的非常时代，精神因素对人体疾病的影响将越来越复杂。事实证明，现有50%～80%的疾病与精神因素有关。国外有学者统计，因情绪不好而致病者占74%～76%。美国某医院对就诊病人统计，发现65%病人的疾病与社会环境有关。

为什么心理因素对身体健康有这么大的影响呢？这要从大脑的作用来看。人的各种心理现象都是客观事物在大脑中的反映，大脑是人体的高级中枢，对身体的一切机能活动起着支配或调节的作用。现代医学研究证明，情绪剧烈地波动，会打乱大脑功能的正常发挥，使得身体内部环境失调，引起许多疾病。巴甫洛夫指出："一切顽固的、沉重的忧悒和焦虑，定会给各种疾病大开方便之门。"有人调查发现，在遭遇强烈刺激，感情急剧波动后，在短时间内死亡的170个个例中，59%死于个人不幸与巨大损失消息传来之后；34%死于面临危险或威胁的处境；7%死于狂喜之时。苏联外科医学家皮罗戈夫观察到：胜利者的伤口比失败者的伤口要愈合得快，愈合得好。以上都说明了情绪因素在疾病的发生、发展及预防方面起着重要作用。

老年人在退休、离休后，生活地位和环境发生了变化，再加上疾病缠身，在情绪上产生一些波动，引起一些心理变化。在行为上表现烦躁、易怒、爱发牢骚；或精神萎靡、情绪低落、悲观失望、寝食难安；或孤独、多疑、忧郁、自卑等。因此，老年人更要注意情绪过激给身体健康带来的巨大病痛。情绪的不良刺激，从心理学的角度讲，它会引起整个心理活动失去平衡状态，从而引起组织、器官在生理功能上出现一系列的变化，它可诱发内分泌功能失调，降低免疫能力，为肿瘤的发生提供了内在条件。

引起癌症的原因尽管很多，但近年来大量科学实验证实，不良的心理——社会刺激因素是一种强烈的促癌剂，这一点已为动物实验所证实。如将狗分成两组，使一组长期处于惊恐不安状态，另一组则生活在安静的环境中。结果，前一组6条狗中有3条狗死于癌症，后一组4条狗都安然无恙。现代身心医学实验证实，不良心理因素，过度紧张刺激，忧郁悲伤等，可以通过类固醇作用使胸腺退化，造成免疫性T淋巴细胞成熟障碍，抑制免疫功能，诱发癌症。

人们在日常生活中的精神状态，对心血管机能具有明显影响。如情绪激动时，会出现心跳加速，害羞时面部血管会扩张等，都是常见的现象。临床观察，心绞痛往往在情绪激动时发生。这是由于在情绪激动或紧张的脑力劳动时，神经系统处于高度兴奋状态，血液中儿茶酚胺的含量增加，引起血管收缩，血压升高，从而增加心肌的耗氧量，突然发作心绞痛，严重者甚至可以诱发急性心肌梗死。

一般人在高兴时胃口较好，悲伤时食欲减退。研究表明，情绪变化时，迷走神经冲动发放，胃功能受到影响。此外，情绪对肠功能变化也是很明显的，如愤怒、焦虑的情绪使结肠功能亢进，降低结肠持续收缩，结肠变窄，溶菌酶分泌增加，肠结膜变脆，并出现斑点出血，甚至糜烂、溃疡。

情绪太过会导致神经系统严重失调，引起各种神经官能症，包括神经衰弱、癔症和强迫症，严重者还可以引起精神错乱和行为失常。所谓反应性精神病大都是这样引起的，它是由强烈、突然或持久的精神因素所引起的一种精神障碍。

内分泌专家告诫人们："过度紧张、长期焦虑等精神负担是诱发'甲亢'的重要因素。"从"甲亢"病人就诊时的主诉便可得知，升学、出国、晋级、提职等可导致情绪波动，而由于工作、学习过度劳累，引起精神持续紧张，与发病更有密切关系，农村的"甲亢"病人就明显较少。

由上可知，许多疾病的产生、发展，皆与心理因素有关，要防止疾病的发生，必须注意心理健康。

心理健康与长寿有何关系

曹操在他的名诗《龟虽寿》中曾这样写道，"神龟虽寿，犹有竟时；腾蛇乘雾，终为土灰；老骥伏枥，志在千里；烈士暮年，壮心不已；盈缩之期，不但在天；养怡之福，可得永年。”此诗说的是有志进取的人，虽然知道年寿有限，然而却雄心勃勃，壮志不衰，并且不相信成败寿夭全由天定。表现了积极进取、奋发有为、自强不息的乐观主义精神，这种精神对于每一个人来说，都是十分可贵的。俗话说：“发怒郁闷催人老，经常笑笑变年少。”说明要想延年益寿，应该培养乐观开朗的性格，保持愉快舒畅的情绪。四川省在对372位长寿老人进行调查时发现，他们中98%以上的人都具有开朗乐观的性格，无一人是孤僻抑郁者。

这些老人之所以成为“老寿星”，皆与他们心情舒畅、心胸宽广、对生活充满信心、对人生抱有希望分不开。我国古代最著名的思想家、教育家孔子，在比较艰苦的生活环境中，能够活到70多岁的高龄，实属古来稀，其长寿的原因之一是注重心理健康。他主张，人在老年时要把名利看得淡一些，更不要在身体虚弱时还竭力去追逐名利，因为这样得到的往往是苦恼和烦闷，甚至是疾病。他特别欣赏具有清心寡欲精神状态的人，如对颜回的“一箪食，一瓢饮，在陋巷，人不堪其忧，回也不改其乐”表示称赞：“贤哉回也。”孔子最反对患得患失，怨天尤人的精神状态，提倡心胸坦荡，刚毅坚强。

众所周知，苏东坡是我国北宋时期有名的大文豪。他的诗，或自然流畅，或气势雄伟；他的词，豪放杰出，气贯长虹。其实，苏东坡不仅是一位杰出的文学家，而且精通养生之道，尤其重视心理健康。“达观”是苏东坡极力倡导的，他也是这样做的。他多次遭贬，辗转流离，还受诬入狱，险些被处死，但就是在这样的境遇中，他也一直保持了达观开朗的情绪，即使在最不得志的时候，他也不甘寂寞，或泛舟，或登山，尽情领略山川古迹风光，努力从苦闷中解脱，给自己开拓从内心到外在的广阔世界。

陆游是我国历史上一位杰出的诗人，他对养生也颇有研究，其养生法则之一是重视情绪调整，注重心理保健。陆游认为，能否长寿的关键，与是否重视情绪调整有关。读书忘忧堪称颜回第二。陆游就是从读书中获得心理安慰而有益于健康的。他自称“书痴”，有诗曰：“客来不怕笑书痴”，“老人世间百念衰，惟好古书心未移。”陆游又说：“治心无他法，要使百念空。”意思是人们要想不得心理疾病，必须不追求名利等个人的东西。他生性豁达，即使在穷困潦倒之际，也浩歌不已。

现代医学研究发现，人在得到安慰时，体内可产生一种与吗啡结构相近的化学物质——“内生吗啡”，从而对人体产生有益的调节作用。

谢觉哉是我国德高望重的无产阶级革命家，他1884年生于湖南，1971年逝世于北京，享年87岁。谢老在几十年革命斗争生涯中，历尽艰难曲折，但始终精力旺盛。这与谢老十分重视心理保健是分不开的。

谢觉哉的《长寿十诀》主要有：“暴饮暴食固宜慎之，强进小食亦非所宜，每日于空气清新处行适度运动，决不可剧烈；身体、衣服、居室均宜清洁；每朝如厕一次，务养成习惯，胃腑务使健全；起卧须有定时，睡宜充足；衬衣宜常洗涤，卧具须时曝日光之中；晨起出外呼吸新鲜空气；食后不即用脑；当勤厌惰，宜成习惯。”

石克出生于1900年，是我国制药工业的开山者之一。他早在1933年便研制出我国第一台挂糖衣机，性能超过了欧美的同类机器。以后石老又研制出我国第一台转盘压片机。石老在90多岁时，仍步履稳健，气色红润，脸上连老年斑也没有，看上去还不到70岁。当问起他的长寿之道时，他说："我认为要想长寿，精神是第一位的，只要你不斤斤计较个人的得失，有着高尚的理想和追求，就会永远健康。”真是一语道破天机。

中国历代养生家和医学家都把精神修养作为养生长寿之大法。在目前，人类已进入“情绪负重的非常时代”的情况下，精神因素将会越来越多地影响人体健康。因此，要成为一个真正的健康者，不仅要身体无病，而且要精神愉快，心理健康。

自古以来，书法家大多是长寿的。古语有言：“笔墨挥洒，最是乐事。”这说明常练书法，可使人精力充沛，保持良好的精神状态。上海市文史馆馆员、书法家苏局仙老先生100岁时，上海书画社举办了“苏局仙书法作品展览”。苏老的书法被誉为人书俱老的佳作，苏老先生不仅善于书法，而且擅长写诗，一生共写下一万首诗，辑成《水石居杂缀》《蓼莪居诗集》多卷，不愧为当今文坛老寿星。

苏老说他的生活准则就是节制嗜欲，清茶淡饭，心情舒畅快活，从不把富贵荣辱放在心上，胸中常养“一团春气”，心里像春天一样生机勃勃、快快活活。苏老说：“谁不想长寿？但最好的办法是，首先将‘生死’二字抛于九霄云外，以卸不必要的思想负担，只有这样，才能像原始森林中的树木那样长寿，这就叫‘寿命不期长而自长也’。”

以上举例说明，只有心理健康的人才可能长寿。因此，在物质生活较为丰富的今天，人们应该更加重视心理健康。

健康性格有哪些表现

1. 直面人生

一个心理健康的人，不管身处顺境或是逆境，始终都敢于面对现实。

2. 独立性

办事果断、理智、稳重，既不随波逐流，又能听取合理建议，必要时，能够当机立断，并勇于承担可能带来的一切后果。

3. 从爱中获得力量

能够从爱自己的配偶、孩子、亲戚、朋友中得到乐趣和力量，不但爱他人，也乐于接受别人的爱。

4. 能够制怒

生活中令人生气的事是常有的，但要能够把握分寸，控制情绪，不失理智。

5. 有长远打算

可以为了长远利益而放弃眼前利益，即使眼前利益有很迷人的吸引力。

6. 善于休息

在做好本职工作的同时，要懂得怎样去享受闲暇。休息时，心地坦然，尽情放松。即使忙点其他的事，也只是当作嗜好和消遣。

7. 不见异思迁

非常喜欢自己的工作，对“跳槽”持慎重态度。

8. 对人宽容

这种宽容和谅解，不单是对性格不同的人，对所有人都能够分享友爱的幸福，这是一个人灵活、适应性强和成熟的表现。

9. 对孩子钟爱而宽容

喜欢孩子，并肯花时间去了解孩子的特殊需求，并且给予孩子多方面的爱。

10. 不断学习和培养情趣

不断地增长自己的学识和广泛地培养自己的情趣。

青年人心理成熟有哪些标准

美国心理学家赫威斯特列举了青年人心理成熟程度的10项标准，对于青年人来说，可以视为自我心理成熟的标准，而对于家庭、学校来说，则可以作为教育和辅导青年的行为目标。这10项标准是：

（1）能在日常生活中与同龄人建立起和谐的人际关系。这种关系应包括同性朋友和异性朋友在内。

（2）在身份上能够接受自己的性别角色，并且在行为中能恰如其分地体现出自己的性别。

（3）接纳自己的身体和容貌。不过分炫耀自己的优点，也不过分自责自己的缺陷，而是实事求是地根据自身条件去发掘自己最大的潜能。

（4）情绪表达渐趋成熟独立。凡事不再依赖父母或其他成人的支持与保护。

（5）有经济独立的信心。即使在经济能力尚未达到自食其力的情况下，也不愿依赖别人。

（6）能够选择适合自己能力和兴趣的职业，而且肯努力奋发，为取得这种职业而做好各种准备。

（7）认真考虑选择婚姻对象，并开始准备成家过独立的家庭生活。

（8）在知识、技能、观念等方面，都能达到作为一个现代公民所需要的标准。

（9）乐于参与社会活动，也能在社会活动中对自己的行为负责。

（10）在个人的行为导向上，能建立起自己的价值道德标准。

以上10项虽然是西方社会对青年一代的期待，也是父母、师长对其子女或学生的目标。因此，很值得我们深思和参考。

中年人心理健康有哪些标准

衡量中年人心理是否健康，有以下几条标准：

1. 感觉、知觉良好

人的心理活动认识事物都是从感觉、知觉开始的。视、听、嗅、触均应正常，知觉事物不发生错觉。

2. 记忆良好

能记住重要的事情，不要人经常提醒。但不能要求自己什么都能记住。有些事情遗忘了是正常的现象。

3. 思维敏捷

思维能力和表达能力比较强，说话不颠三倒四，分析问题、解答问题清楚明了。

4. 有比较丰富的想象力

善于用想象鼓舞他人，用想象为自己设计一个愉快的奋斗目标，并鼓励自己为之奋斗。

5. 情感反应有度

情感反应要有分寸，不轻易冲动，不常常忧郁，不事事紧张，不麻木不仁。能常乐，能制怒，经得起欢乐，也能经得起悲痛。

6. 人际关系和谐

对人宽对己严，乐于帮助别人，尊重别人，才能在处理各种人际关系中，充满愉快和满意的心境。

7. 学习能力始终不衰

应坚持学习一种以上新知识和新技能，培养或掌握多项正当的兴趣和爱好，并经常为之而忙碌。

8. 有自知之明

能客观、正确地认识自己，能自觉地用理智控制自己，这是心理成熟的最高标志。

老年人心理健康有哪些标准

近年来，一些心理学家提供了衡量老年人心理健康的最新标准，这个标准大体可以归纳为以下6个方面：

1. 知觉良好，记忆清晰

观感正常，对事物的判断无误，记事有序，过目能记，不致丢三落四。

2. 思维敏捷，想象丰富

说话条理清楚，回答问题简单明了，并能举一反三。

3. 情绪稳定，意志坚强

情感反应适度，情绪不过大起伏，办事严谨有序，遇事冷静，不易冲动，也不抑郁，能经受悲欢波折。

4. 勤于学习，生活充实

始终保持对某些知识学习的热情，活到老，学到老，把时间、精力用于自己的正当业余爱好，有事可做，精神愉悦，生活充实。

5. 善于交际，待人和蔼

广交朋友，乐于助人，人际关系融洽，对人态度和蔼，以诚相交，以礼相待。

6. **行为正常，讲究公德**

生活、学习、活动正常，具有适应社会环境变化的能力，自觉遵守社会公德，爱憎分明。

怎样衡量青少年的心理健康

世界卫生组织指出，人的健康有一半是指心理健康。所谓心理健康，就是指一个人有良好的心理素质和健全的人格，即一个人心理上有比较完善的发展，有健康的个性，能适应客观环境，使个人心理倾向和行为与社会现实要求之间有着和谐完美的关系。一般来说，衡量青少年心理健康的标准有以下几个方面：

1. **智力和认识能力正常**

良好的智力水平是保证青少年完成学业的必备心理基础。能客观地反映外界事物，正确地进行判断、推理，能顺利地完成学习任务。

2. **有理想、目标**

即有明确的奋斗目标，有远大的理想，并能为创造出一个符合自己理想和目标的环境而拼搏。

3. **遵纪守法**

即做到讲文明、懂礼貌、尊老爱幼、遵纪守法、遵守社会公德。

4. 情绪稳定

即情绪波动适度，既不要过分高兴，也不能过分悲伤，恰当地控制自己的情绪，而且对生活充满热爱，充满乐观，具有朝气。

5. 具有自信

即对自己、对社会发展坚定自信，努力进取，并且善于团结他人，宽以待人，广交朋友，能与他人友好相处，有良好和谐的人际关系。

6. 社会适应能力比较强

即能与现实保持良好的接触，不仅能适应各种自然环境，而且能适应家庭、学校和社会生活等社会环境。

7. 自我意识正确

即正确地认识自我，完善自我。俗话说，人贵有自知之明，有独到见解，有鲜明的是非观、善恶观，做到既不目中无人，又不妄自菲薄。

8. 性格、意志品质健全

即在符合社会需要的前提下，充分地发挥自己的个性特长，保持人格的和谐完整。对确定的目标或要干的事，能自觉地、果断地、顽强地去完成，并且，具有坚韧不拔的毅力。

第二章
各年龄阶段常见的心理问题

影响儿童心理发育的不良因素

每一对父母都希望拥有一个既健康可爱、又聪明活泼的宝宝，那么宝宝健康的标准又是什么呢？只要身体健康就是健康吗？答案是否定的。健康的宝宝既要身体健康，又要心理健康。

也许你会有这样的疑问：那么小的孩子难道会出现心理问题吗？他们也会有心理障碍吗？心理学家多年的研究表明，儿童甚至包括婴幼儿都有可能产生心理障碍。而心理医生近年接诊的病人中，儿童的数量也在逐年递增。这是一个多么令人惊讶的事实！我们的孩子们究竟怎么了？究竟是什么原因导致他们产生心理障碍呢？

研究表明，影响儿童心理发育的不良因素主要有以下几点。

1. 因父母的原因导致的心理障碍

（1）父母的遗传，如果精子或卵子带有基因缺陷或是染色体畸形，那么它们的结合无疑已经注定了孩子将来的缺陷。这种由于染色体出现异常而导致的孩子的不健康通常表现为先天遗传性疾病。其中可能导致儿童心理障碍和精神残缺的疾病主要有：大脑先天发育不全、苯丙酮尿症、先天愚型、精神分裂症、狂躁抑郁症和先天性聋哑等。

（2）胎儿期间的发育，胎儿的正常发育主要取决于母体和外界因素。在母亲怀孕的前3个月里，如果不注意保护自己，感染了肝炎病毒、风疹或流感病毒，都可以使染色体发生畸形变异，或者使胎盘的血液循环出现障碍，导致供血不足，从而影响胎儿的正常发育。还要注意的是，在怀孕期间，不可以吸烟、吸食毒品，正确使用药品，保证室内环境达标，空气湿度、温度正常，保证摄取足够的营养，保持良好的心态和情绪，适度的工作以及正确的胎儿教育。只有母亲在怀孕期间注意保护自己，才可能让宝宝生下来就健康聪明。

2. 宝宝出生后应该注意的问题

（1）环境　幼儿时期是人生最脆弱、最需要别人呵护的时期。宝宝幼年时，毫无自理能力，完全依赖父母、亲人的照顾才能够生存、成长。给宝宝创造一个良好的成长环境就显得非常重要。主要包括以下几个方面：正确喂养、恰当用药、避免其受到意外伤害，尤其是头部的伤害，远离污染严重的环境等。

（2）教育　从胎教开始的一系列教育对孩子的成长发育、心理发育起着至关重要的作用。而比较胎儿教育、学校教育和社会教育来说，家庭教育更为重要。和谐幸福的家庭，正确的教育方法，父母的榜样都对孩子的心理发育起着非常重要的作用。

儿童缺乏学习兴趣的心理因素

很多家长都会有这样的烦恼：孩子不好好学习，学习成绩上不去，学习能力差，这些都是孩子缺乏学习兴趣所导致的。孩子为什么会缺乏学习兴趣呢？造成儿童缺乏学习兴趣的心理因素又有哪些呢？

1. 自身原因

儿童的自身原因主要有以下两点：

（1）注意力不集中，注意力又分为主动注意和被动注意两种。我们这里所讲的注意力不集中或是不能长久集中主要是指儿童的主动注意。这一点老师们，尤其是小学老师也许都深有体会。学生们上课总是坐不住，即使坐住了思想也总是跑神，这真是让老师们伤透了脑筋。专家研究指出：7～9岁儿童的主动注意时间一般在20分钟左右，而10～12岁儿童平均也不过在25分钟。于是，怎样让这些似乎是根本无法坐住的学生保持一节课持续40分钟的注意力，还真不是一件容易的事情。首先，教材的内容要适合孩子，要有一定的“吸引力”。其次，教师在教学的时候要注意根据孩子的心理，采用各种各样的方法来吸引并稳定孩子的注意力。可以采用生动多彩的讲解，多提问以加强互动，多布置练习让孩子亲自动手尝试等多种教学方法来提高孩子对学习的兴趣，使其注意力持久地集中在学习上。

（2）心理发育不成熟，孩子的心理发育自然是不够成熟的，他们在许多压力面前极容易失去自信，乃至害怕、逃避。如一次考试成绩不好，被家长和老师责骂，被同学鄙视；和同学之间的关系处理不好，同学都不愿意和他一起玩耍；太严肃的老师使他持续地紧张，这些都极容易让儿童幼小的心灵受到伤害，使其学习能力下降，缺乏学习兴趣甚至不再愿意到学校去。因此，从小培养孩子的自信心，锻炼和提高遇到挫折时的承受能力，无论在孩子的学习还是将来的人生中都有着重大的意义。

2. 环境因素

环境因素主要包括家庭环境、学校环境和社会环境。

（1）家庭环境　一个家庭氛围非常不好的环境不仅严重影响孩子的心理健康，更使孩子无法集中精力好好学习。家庭环境复杂，父母经常吵架，单亲家庭，或是一方家长经常不在家，都会给孩子的心理造成严重的创伤，失去学习兴趣，从而直接影响孩子的学习成绩。

（2）学校环境　学习压力太大，学习任务过重；素质过低、不负责任的老师；没有办法相处的同学和学校的风气不好，都是导致孩子不愿意学习，对学习没有兴趣的因素。

（3）社会环境 迷恋上网，玩游戏，认识了社会上不三不四的人，只能让孩子的心离学习越来越远。因此，为孩子创造一个好的社会环境，是每一个人都应尽的义务。

什么是逆反心理及表现

逆反心理是指儿童成长到一定阶段，心理日趋成熟时所产生的一种与成人尤其是父母对着干的情绪，医学上称之为敌意对抗心理。逆反心理究竟是从什么时候开始产生的呢？研究表明，逆反心理大致有两个阶段，一为儿童时期的逆反心理，二为青少年时期的逆反心理。

（1）儿童时期的逆反心理 当孩子从完全依赖父母成长为可以相对独立的时候，他们的心理处于一种波浪式的不平衡状态，行为也相对比较混乱。一般来讲，当孩子2～4岁，可以独立行走说话的时候，便开始出现第一阶段的逆反。而到了6～7岁，又开始出现第二阶段的反抗期。在这一时期中，他们似乎更热衷于做自己还不能够做的事情或是不符合现实的事情。俗话说“还不会走就想跑”就是这一阶段比较突出的表现。其他表现还有：违抗大人的命令，不愿意做自己力所能及的事情，而总喜欢做自己做不了的事情。在他们觉得父母不对，却硬要他们执行命令的时候，他们会故意装作没听见或是和大人顶嘴，并产生对着干的情绪。

（2）青少年时期的逆反心理 青少年时期的逆反心理是最严重也是最让父母老师头疼的问题之一。在孩子成长到13～18岁，也就是中学生时期，逆反心理也随之而来了。这个时期的孩子，已经不再是完全依赖父母的小孩子，尤其是心理上精神上也开始独立，父母的权威已经开始逐步被怀疑，也不能够完全从精神上满足他们。他们极力反抗以摆脱父母的“束缚”和管教，追求一种自由和自主。加之书本知识和社会知识的积累和增长，父母的价值标准、社会观念经常会和他们产生出入，于是他们不再唯命是从，要按照自己的意志来处理自己的事情。于是，家庭内部的矛盾时有发生，经常会“战争”不断。父母为此伤透了脑筋，常常觉得孩子已经管不了了，不听话了，翅膀还没硬就想飞了。其实，这种完全的我行我素的思想行为作风就是青少年逆反心理的最直接的体现。如果处理不好，很有可能出现离家出走的现象。心理学家研究指出，在尊重孩子的基础上，建立一种平等的新型的家庭关系，是防治逆反心理的最好方法。

什么是学习疲劳的心理因素

学习疲劳现象，指学生长时间连续不断地学习以后所产生的学习效率下降的现象。要知道学生为什么会产生这种现象，导致这种现象的心理因素又有哪些，我们首先要了解什么是机体的疲劳现象。

1. 机体的疲劳现象

可以分为生理疲劳和心理疲劳两种。

（1）生理疲劳包括肌肉疲劳和神经系统疲劳。肌肉疲劳是肌肉运动量过大所导致的能量供给不足，新陈代谢缓慢而引起的疲劳现象。通常情况下，重体力劳动、长时间劳动以及工作量过大等都容易引起肌肉疲劳的现象。肌肉疲劳会造成乏力、动作失调、姿势错误、体态畸形、身体酸痛等情况。神经系统的疲劳指脑力劳动过大或长期缺氧所导致的大脑感觉迟钝、思维混乱等现象。学生要避免学习所造成的肌肉疲劳和神经系统疲劳现象就要多注意休息，掌握适当的学习方法，劳逸结合。

（2）心理疲劳指由心理因素引起的疲劳现象，主要表现为思维迟缓、注意力不集中、反应迟钝、情绪低落、易焦虑、烦躁、易怒。学生在学习过程中对学习内容失去兴趣，就会产生这种现象，从而导致心理疲劳。

那么究竟学生的学习疲劳是生理疲劳还是心理疲劳，或者是二者兼有呢？答案是三种情况都有可能发生。学生在长时间的学习中始终保持固定的姿势，会产生肌肉疲劳；学习时思维和注意力一直过分集中，记忆强度过大等都会导致神经系统疲劳；而对学习内容不感兴趣，厌恶学习，就会使心理疲劳伴随出现。学生的学习疲劳如果不及时得到解除和舒缓还会诱发各种疾病，如视力下降、食欲缺乏、血压升高、情绪低落、注意力不集中、记忆力减退、自信心不足，甚至严重者有可能患上神经衰弱、精神分裂等疾病。

有的家长会发现，孩子在长时间学习以后，原本会做的题目反而不会了，原本已经记住的内容却怎么也想不起来了，还有的孩子白天精神恍惚，注意力不集中，晚上辗转反侧睡不好觉，学习效率大幅度下降。更有甚者，一让他学习就会身体不舒服，这些都是孩子学习疲劳引发的症状。

2. 改善学生学习疲劳的方法

应该针对不同的心理因素造成的学习疲劳，找出合理的防治方法来减轻并改善这种状况。

（1）劳逸结合，应该建立一套科学的方法和作息制度来改变学生长时间不间断学习所产生的学习疲劳。具体方法有：保证充足的休息、睡眠时间；通过适当的体育运动来减轻疲劳；给他们一定的时间看电视，听音乐来调节疲劳。

（2）明确学习目的，培养学习兴趣，让学生知道为什么学习，了解学习内容的用途和重要性是消除学生对学习厌恶的一种方法。而更要注意的是，要用各种手段让学习变得生动有趣，提高学生对学习的兴趣。

（3）学习环境，给学生创造一个安静舒适的学习环境，无论是在学校还是家庭，都是非常重要的。

（4）学习科目的合理安排，将能够造成不同疲劳程度的科目合理有序地安排，也是减轻学习疲劳的有效方法。

自学中的“高原现象”

自学是需要有毅力，并能够持之以恒才能够做到的。在此过程中，自学者不仅要克服学习环境差、学习氛围不好等外部影响，还要尽量避免在长时间学习中自身所出现的这样那样的问题，尤其是“高原现象”。

什么是自学中的“高原现象”呢？专家指出，当自学者在长时间的自学过程中感到精神疲惫，学习吃力，效率降低，情绪上烦躁易怒、茫然不知所措、沮丧，导致学习成绩无法提高甚至下降的时候，心理学中称之为的“高原现象”就产生了。

心理学家多年的研究表明，造成这种现象的原因是多样的，有外界因素，也有自身的心理因素，其中，最主要的是心理因素。主要有：

（1）失去学习兴趣，对所学的知识失去兴趣无疑是“高原现象”最重要的成因。自学者一旦对所学知识的兴趣降低，就会不愿意学习，失去学习动机，导致对所学知识的厌恶等消极情绪。

（2）缺乏坚定的意志，如果自学者的意志不够坚定，自信心不足，学到一定程度就觉得自己无法再提高，失去继续学下去的勇气，那么，这种自学只能半途而废。

（3）急于求成，自学者一旦信心过剩，就会盲目夸大自己的学习能力，认为自己在很短的时间内就能够达到学习目的，所谓“急功近利”，从而使自学失败。

但是，心理因素只是导致自学“高原现象”的一个主要原因，外界因素也起着至关重要的作用。那么，又有哪些外界因素会导致这种现象的产生呢？

（1）学习方法不当，学习是要讲究一定的方式方法的，只有恰当的学习方法才能提高学习效率，使学习不再是一件枯燥无味的“苦差事”。首先，要注意用脑卫生。不要长时间不间断的学习，要注意适当的休息；更不要让大脑处于长时间的兴奋或紧张状态，使大脑疲劳，无法正常工作。其次，要根据自己的现实情况，制定符合自己的一套行之有效的学习方法，不要按部就班，更不要盲从，觉得别人的方法好就用，要知道适合别人的不一定适合你自己。最后，要明确学习目的。要知道自学不同于到学校接受教育，环境等各方面都和学校有所不同，以前在学校养成的学习习惯也许并不适用于自学。

（2）知识结构欠缺，选择自身能够接受，和从前所学知识能够接轨的新知识来循序渐进的学习才是自学成功的先决条件。学习是为了提高自己，将自己各方面的条件以及自己的兴趣、工作需要和社会需要等考虑周全再来确定学习目的，并制订相应的学习计划这才是聪明的自学者所应该做的。

年轻人易发生的适应性障碍

年轻人在接触新事物的时候有时会有不适应的状况发生，有时新的事物神秘的面纱一旦被揭开而并不如他们想象的那么有趣时，他们会对这种事物感到失望并失去兴趣，如果硬要对这种事物持续关注，他们的心理就会产生这样那样的问题，从而导致适应性障碍。

适应性障碍在心理学中被定义为：病人（多是有性格缺陷的人）在明显的心理因素作用下，出现情绪障碍，产生不良的行为或生理功能性障碍，从而导致对社会的适应能力降低。

这种适应性障碍在年轻人身上时有发生，其诱因主要为：

（1）生活发生的改变，比如生活环境、社会角色、社会地位的改变。刚考上大学的新生，在新的环境中无法找到自我或认为大学生活并不如想象的美好，从而失去兴趣而无法适应大学生活；毕业后初入社会参加工作无法从学习的环境中走出，找不到自己的社会角色；出国深造的学子刚走进异国他乡，对国外生活的无法适应等，这些都容易引发青少年的适应性障碍。从而使其情绪、生理及行为出现异常，如烦恼、抑郁、胆怯、不安、自信心下降、不知所措、遇事退缩、不愿与人交往和生理功能性障碍。

（2）性格缺陷，有性格缺陷的人在平常也许与常人无异，一旦生活有所改变，他们的性格缺陷就极度地显现出来，追根究底就是我们通常所说的有心理阴影或精神异常，他们的社会适应能力极弱，遇到大的挫折经常会出现极端的想法和行为，比如逃避、封闭自己或是轻生。

年轻人适应性障碍严重影响其社会功能，若不及时治疗后患无穷。治疗时应以药物治疗配合心理治疗的方法来进行，对病人进行心理开导，心理疏泄、行为治疗、认知疗法加以定期的心理咨询、辅导。

女性心理需要的方方面面

人们常把女性形容成美丽的蝴蝶，女人为这个世界增添了绚烂多姿的色彩，使世界变得五彩缤纷。

每一个人都有自己需要的东西，当你的需要得到满足的时候，就会情绪愉快，心情舒畅，但如果你的需要得不到满足，就会情绪低落，变得不怎么高兴。人类需要的东西方方面面，主要分为物质需求、心理需求和生理需求。如我们需要吃饭、穿衣、住房，婴儿需要母亲，孩子需要玩具，成人需要朋友、爱情、家庭和事业等。作为为世界增添色彩的女性，她们的心理需要与男性还是有很大的不同。大多数男性第一位需要的是事业，是成功，是金钱；而大多数女性的第一需要却是情感。

专家对女性的心理需要进行研究，发现她们的心理需要主要包括以下几种：情感、社交、事业和娱乐。

（1）情感 情感通常包括爱情、亲情和友情三类。这三类情感对于女性来说都是不可缺少的。但是如果把这三种情感在女性心目中的地位进行排列，那么爱情无疑是高居榜首的。人们常说恋爱中的女人是最美丽的，就是说爱情对女人的身心都有着重要的不可替代的作用。如果一个女人的爱情婚姻不幸，很有可能影响其心理的健康以及生活的道路和方向。但情感并不只有爱情这一种，女性的情感需要是细腻而复杂多样的，绝非爱情就可以满足。女性还需要家人的关爱，父母的呵护，朋友的帮助。

（2）社交 今天的女性已经不再是“大门不出，二门不迈”受封建传统压迫的弱者，而是走出家门，立足社会的自主自立的新时代女性，社交对于她们更是不可缺少。一方面与人接触交往是女性认识社会，提高自己，获得自信的最好途径。从某种意义上说，女性社交的成功与否，进入什么样的社交圈，社交圈的大小，都会影响她们的情绪、情感、信心以及今后所走的道路。从另一方面来讲，女性在社交中也容易出现这样那样的问题。最突出的就是刚开始进入一个社交圈的时候，无法与之相融合。因为女性无论在生理或是心理、性格上都相对较弱，新的环境、新的朋友圈、新的职业、人际关系等都容易在某种程度上给她们的心理上造成一定的压力，使她们感到无法适应而丧失信心，出现焦虑不安的心理。所以，当女性朋友进入一个新的自己不熟悉的社会环境时要注意及时调整心态，多与外界沟通，努力的适应新环境，从而获得心理上的平衡和满足。

（3）事业 我国男女地位是平等的，女性有上班工作的权利。也就是说女性也要有自己的事业。有一个称心如意的工作，并且能够在工作中展现自我，提高能力，有好的工作成果，也是影响女性情绪、心理的重要因素。

（4）娱乐 女性朋友的心理需要除了情感、社交和事业，还需要适当的娱乐所带来的心理满足。娱乐是调节繁重的生活、工作、情感压力的有效方法。女人天生喜欢美丽，许多女性朋友爱唱歌爱跳舞或喜欢旅游，这些都是保持身心健康的好办法。

孕妇易出现哪些心理现象

妇女怀孕以后，随着各时期的生理情况的不同，心理也逐渐发生着变化。

（1）怀孕初期 怀孕初期的妇女首先会需要从各个方面来确认自己即将成为母亲的事实。她们会特别注意自己会有什么变化，和原来有什么不同，也会经常想想过去，毕竟，自己已经不再是一个女孩儿，一个少女，也不是初为人妻的小媳妇，而是要从一个处处受人照顾关爱的角色走进一个照顾他人的新的伟大角色——母亲。这意味着将有一个生命从此时此刻起完全依附她的生活。这种心理上的变化，是一个非常复杂的心理及情绪上的波动，是别人无法体会的。所以，这个时期的妇女，即便没有外界的刺激，其情绪也会起伏不定。

（2）怀孕中期 这个时期妇女的身体已经有了大的变化，负担加重，自己变得虚弱，需要别人的照顾和饮食上的特别注意，而第一次的明显的胎动会让她真实地感受到一个新的生命的存在。这时，作为一个母亲，她会情不自禁地想象胎儿的样子和形态，想象孩子出生后的情景，孩子的性格、长相，孩子的未来。这时的妇女由于能够真实感觉到胎儿，心情会异常的愉悦和积极。会开始对孩子进行一定的胎教，例如听音乐，讲故事等。但也有相反的情况发生。有的妇女在这时会产生消极不良的情绪，甚至不喜欢不习惯自己的胎儿。应该注意及时的心理调整，以一种平和、乐观向上的态度迎接宝宝的到来。

（3）怀孕后期 由于腹内孩子的一天天长大，孕妇在生理上会出现许多不良反应，如行动不便、腰酸腿疼、难以入睡、呼吸困难等，这些都会让孕妇的心情变得压抑，烦躁以及焦虑。她们会开始担心胎儿出生后是否正常，分娩是否能够顺利进行，并把所有的精力集中在宝宝出生的准备上来。所以，家人的开导、安慰、更加悉心的照料就变得十分重要了。

（4）分娩在即 这个时期的孕妇可谓是百感交集。就要做妈妈的人了，似乎一切还没有准备好，分娩的疼痛是否可以忍受，如果难产该怎么办？孩子生下来会不会有畸形？男方家庭会不会在孩子的性别上有想法？这些问题不停地在孕妇脑中盘旋，使孕妇精神高度紧张、恐惧，压力过重。进行适当的产前教育，家人和医院共同的劝导都是帮助孕妇调整心态，克服心理障碍的有效方法。

大龄青年择偶的心理问题

大龄青年的择偶问题不单是自身、家庭的问题，也是社会问题。来自方方面面的压力使大龄青年在此问题上容易产生心理上的障碍。

首先，让我们来了解一下都有哪些因素易导致大龄青年择偶的心理障碍。

（1）外部原因，外部原因可能有方方面面。如家庭方面：由于家庭条件不好，父母社会地位较低而受人歧视或者父母传统观念与自己想法有差异而找不到合适人选；工作环境：工作压力过大，没有时间找对象谈恋爱或没有稳定的工作；交往机会：有的大龄青年是因为所处的环境中与异性接触的机会较少或社交圈太小，没有途径去结识适当的异性而错过谈婚论嫁的最佳时机。

（2）内部原因，内部原因又分为以下几种。一是性格过于内向。内向的性格使他们少言寡语，甚至见到异性就会脸红，无法沟通。他们也许只与家人和少数朋友交往，社交范围极窄，就算认识了新的异性也不会主动出击，白白错失良机。二是历经波折。许多大龄青年在年轻的时候就受过感情的伤害，或看到别人的爱情悲剧从而对爱情失去信心不愿意再去经历。三是心理缺陷。尤其是小时候就经历了家庭不和，父母离异，家庭破裂的人，很容易对爱情婚姻产生恐惧心理，从而逃避婚姻，害怕同样的悲剧在自己的身上重演。四是沉溺于事业。男性朋友通常都有“先立业，后成家”心理，这种心理使他们一心在事业上打拼而不考虑恋爱婚姻问题，而当他们意识到的时候，通常已经走入了大龄青年的行列。

我们再来看看由于这样那样的原因导致的大龄青年择偶的心理障碍又有哪些。

（1）自卑　大龄青年经常会认为自己已经青春不再，没有资格谈情说爱了。他们对自己的评价过低，对自己的爱情不抱希望，认为自己也许就这样孤单地走完剩下的人生旅程。而强烈的自尊心又会使他们抱有一副“高姿态”，对婚姻无所谓，标榜自己的单身贵族生活有多么潇洒，甚至不屑与人谈论婚姻问题。

（2）封闭 错过最佳择偶时期的人经常会产生这种情况。封闭自己的心，认为已经没有人可以理解自己，不愿意和已经有了幸福家庭的朋友来往，也不喜欢听父母反复的唠叨，宁愿自己一个人独处。而恰恰是这样，就更加缩小了他们的择偶范围，形成恶性循环。

（3）求全心理是指大龄青年把自己的择偶条件定得太高，而且年纪越大就越不能将就，总觉得自己已经寻觅了这么多年，当然一定要找到完全符合自己标准的才考虑结婚，这种不切实际的心理只能使他们一直寻觅下去。

大龄青年一定要扫除这些心理障碍，认清现实，努力创造机会，抛弃旧的思想，找到自己的佳偶良缘。

中年妇女易出现的心理问题

人到中年，生活状态稳定，心态也日趋成熟，但是由于这个时期所出现的一系列工作、生活上的变迁或是转折，使人的心理容易因不适应而产生这样那样的问题，尤其是妇女到了中年，更要注意个人的心理卫生。

导致中年妇女心理出现问题的原因主要有以下两个方面。

（1）子女问题，中年妇女的子女首先面对的就是升学与就业问题。这不仅是孩子人生的一大转折点，也是为人母者最操心的问题。孩子能否考上理想的大学，前途如何，考不上的又应该有什么样的出路，想什么样的办法，这些都让母亲忧心忡忡，倍感压力。其次要面对的是子女离开身边的苦恼。孩子考上大学离开家里，或是找到工作独立生活，到外地发展事业，都让母亲忽然之间无法接受。她会感到一下子失去了生活的重心，不知道自己主要该做些什么，心里又牵挂着远方的子女，担心他们无法照顾好自己，不会处理事情，使她们百感交集，无法找到支点，心中忐忑不安，出现心理问题。当子女到了适婚年龄，母亲的心理压力又出现了。子女找不到对象让她们着急，对象频繁的更换又让她们担忧，找到一个好的对象又让她们产生新的顾虑。母亲在子女问题上所花费的心思是儿女们无法想象到的，她们为此所承受的心理压力也是难以估算的。如果能够适时调整心态，顺其自然，正确地给予子女建议和指导，从而让孩子顺利地走过人生的这些转折，就能减轻这些事情给自己带来的心理压力。

（2）工作问题，中年妇女在面对工作中的问题所引起的心理问题也是不容小视的。女人到了中年，身体的各方面的机能已经开始衰退，生活、家庭和子女问题又牵涉了她们绝大部分的精力，对于工作自然也就有些力不从心。工作的紧迫感和无法胜任的力不从心感给她们带来极大的心理压力。要注意从自己生理和心理状态的实际出发，调整好自己的心态，妥善地处理好这些问题。当然，在工作到了中年的时候，更多的晋升机会也摆在了中年妇女的面前。面对着升职、加薪或是加发奖金诸多问题，不仅仅涉及物质利益，也关系到荣誉问题。需要注意的是不要因为这些问题而控制不好自己的情绪，与领导同事产生矛盾，导致自己烦恼，焦虑，产生心理问题。应该保持自己的心态平和，有效地控制情绪，以一种积极稳定的心态来接受各种各样的考验。

中年人的心理特征和健康标准

中年是人生的丰收期，无论家庭还是事业都已经步入正轨，收获着幸福的喜悦。

中年是青年走向老年的过渡期，已经形成了自己的独立人格，事业也达到了巅峰，是成熟的代名词。经济上，他们已经独立，并处于家庭中的中坚地位，上要照顾老人，下要抚养儿女。事业上，经过多年的奋斗和积累，中年人已经开创了自己稳固的事业，有的自己当上老板，成为企业的领航人，有的成为公司的中流砥柱，并为企业培养年轻的接班人。他们受人尊敬，担负重要职务，为社会作出更大贡献。人格上，中年人已经形成自己的思想观、价值观、人生观和世界观，有一套自己的思维模式，处理事情严谨认真，行为规范日趋稳定。但中年人在这一时期也容易产生一些心理问题。那么中年人又有哪些心理特征和健康标准呢？

1. 中年人的心理特征

（1）繁忙所带来的心理压力，由于中年人要妥善处理家庭、事业、个人发展等方方面面的事情，经常会感到力不从心。忙碌的工作，紧张的情绪，太多的事情等待他们关心和处理，使他们的情绪敏感，易急躁，脾气也会变差。这些也容易导致一些疾病产生，如心脑血管病，更年期综合征等。

（2）复杂的关系网所带来的压力，中年人接触的人越来越多，事业上的，生活上的，上司，同事，亲人，朋友，老师，弟子等，尤其是事业上，工作中，怎样处理好上上下下的关系，保证事业顺利，也是一个非常令人头疼的问题。

2. 中年人的健康标准

（1）身体健康 健康的首要标准是身体健康。身体是革命的本钱，有一个好的身体是事业成功的前提。在工作之余，中年人要注意加强身体锻炼，多做户外运动，调节好工作和生活之间的关系，多和家人沟通。

（2）心理健康 中年人心理健康的标准是多方面的。

一是要有合适的社会角色定位。包括生活定位和事业定位。生活中，中年人要扮演好爱人、孩子和父母的角色。要有健康成熟的爱情观，保持理智的情感取向，夫妻之间互相尊重，维持和谐亲密的关系，确保家庭的幸福美满。对待老人要孝顺，对待孩子要关心，这样才能处理好家庭中各方面的事情，保证家庭的和谐。能承担家庭的重担，妥善处理好家庭中的各类问题，也是衡量中年人心理健康的首要标准。事业上，要注意给自己一个合适的定位，立足现实，认清自己，很好把握自己所做的工作，努力开拓，在稳妥中求发展。

二是要有和谐稳定的人际关系。由于中年人关系网的复杂庞大，拥有一个对自己有利和谐稳定的关系网就显得非常重要。要注意处理好各方面的关系，与父母、子女、爱人、上下级、朋友、同事等。

三是良好的心理素质。中年人不仅仅会遇到升迁，也有可能遭遇事业失败、下岗等挫折。怎样把握好自己的心态，能够承认失败，面对失败，敢于从头再来，是衡量中年人心理素质好坏的又一标准。能够以一种平和冷静乐观的心态进行自我调节，消除不安、紧张、焦虑的消极情绪，重拾信心，坚定从容地开拓新的人生道路，是中年人心理健康的表现。

老年人心理衰老的现象

老年人在生理上，身体的各个方面都已经开始退化衰老，走入人生的晚年，心理也随之衰老，并以各种形式表现出来，有以下几个方面。

（1）感官知觉的退化，视力下降，多数老年人都变成了老花眼；听力减退，耳聋耳鸣时有发生；味觉迟钝，口味变重。

（2）各方面能力衰退，最明显的是记忆力减退，很多事情都经常想不起来，甚至连自己的孩子都会叫错，忘记东西放在哪里的事情时有发生。语言能力衰退，喜欢重复啰嗦地讲一件事情并且语速缓慢。思维能力减退，无法集中注意力，对新事物失去好奇心，学习也感到吃力，经常手足无措，思维混乱。

反应能力减退，动作不灵活。

（3）性格古怪，有的老年人会变得忧郁内向，不爱说话；而有的则性格急躁，容易操之过急，顽固不化，不近人情；更有的敏感多疑，常把听错、看错的事情当真而导致自己生气伤心不已。

（4）意志减退，做事情缺乏毅力，缺乏好奇心和探索精神，做事凭经验。

（5）情绪变化，容易情绪低落，抑郁，或暴躁，易怒，或孤僻。对一般刺激无动于衷，趋于冷漠，而对过大的刺激则容易产生过于强烈的反应。容易持续的焦虑不安。

（6）感情脆弱，容易在感情上被别人同化，从前从不落泪的男人也会因为某些事情而容易掉眼泪。

（7）强烈的孤独感，性格变得非常内向，不愿意和人交往，尤其是不和他同辈的人，喜欢回忆从前的事情、从前的人，对故乡产生深切的迷恋之情。

（8）自卑心理，觉得自己老了不中用了，对社会，家庭没有什么大用，反而是一个累赘，自卑情绪严重。

（9）产生衰老和死亡感。

造成老年人心理障碍的原因

老年人所出现的一系列心理问题，是由多种多样的原因造成的。比如生活环境的变化，亲人朋友的变故等。经过心理学家多年的研究发现，老年人心理问题产生的原因主要集中在以下几个方面。

（1）工作变化造成的心理问题，根据我国的政策法规，人到老年就会离退休，不再工作，安享晚年。刚刚从干了几十年的工作岗位上退下来，老年人会感到无所适从，茫然无措。同时，经济收入的降低，工作伙伴的分离，社会角色以及生活环境的改变，都会使老年人心理上出现问题，情绪上也容易产生失望、茫然、沮丧、忧伤、愤怒、多疑等多种消极心态。

（2）家庭问题造成的心理障碍，离退休后老年人多半是在家里度过晚年时光的，老伴儿、孩子、家庭代替工作成了他们的第一关心对象。如果家庭出现矛盾，成员之间彼此关系紧张，就会使老年人出现严重的失落、伤心、抑郁的感觉。而更加不幸的是，如果老夫老妻一方突然去世，更会使老年人造成严重的精神打击，使其陷入极度悲伤中。

（3）生活环境的改变带来的心理问题，有的老年人子女不在身边工作，会有在父母退休后将其接到身边的想法。突然之间改变了生活环境，从农村来到城市或换了新的城市或移居国外，陌生的环境、陌生的人群、文化的差异都会让老年人一时间无法适应，产生巨大的心理压力，严重影响其心理健康。

（4）经济名誉问题，如果各方面的原因造成老年人经济上的拮据，他就会有很重的心理负担，若一旦不慎钱财被骗或被盗就会使其懊恼不堪甚至痛不欲生。而辛苦一辈子的老人，如果在晚年还得不到别人的尊敬或名誉受损，就会有严重的心理不平衡，感到自己白活了这么多年，有严重的被社会、周围人群遗弃的感觉。这些都会造成老年人心理上的极大伤害。

（5）天灾人祸，老年人身体机能已经严重减退，不能够像年轻人一样再去经历大的风雨，而应该安享晚年，生活平淡而充实，没有大的波澜。所以他们最害怕在自己的晚年生活中遇到天灾人祸，社会动荡不安，这些也会给他们带来严重的身心伤害。

丧偶对老年人心理的严重影响

共同经历了几十年风风雨雨的老年夫妻，无论年轻时是甜蜜恩爱还是吵吵闹闹，到了老年都是对方心中最大的依托。俗话说“少年夫妻老来伴”，就是说人到老年，必须要有爱人的陪伴才会过得幸福满足。但两个人当然不能够“同年同月同日死”，总有一方要先于另一方谢世，那么剩下的一方就会受到严重的精神打击，并派生出一系列的心理问题。

（1）孤独绝望，从前同进同出的爱人离世，突然只剩下一个人孤独地生活，巨大的孤独寂寞感使老年人感受到巨大的痛苦和悲凉，尤其再看到别人成双成对，共度晚年，心里就更加不是滋味，甚至感到继续活下去也没什么意思，只是一种痛苦，从而造成他们身体上心理上的严重创伤。

（2）性情古怪，从工作岗位走下来，老年人已经感到寂寞孤独，如果再丧失爱人，他的生活就产生了重大的变化，其心理、性格、行为方式也会有所改变。通常会变得怀旧、伤感、孤独、以自我为中心、不愿意接受新的事物，从而显得性情大变，行为怪异，古怪而不容易接近。

（3）面对死亡，老伴走了以后，老年人会经常想自己也许马上就要走向死亡，加上身体各器官衰退给他们作出的“警告和提醒”，比如失眠，食欲下降，免疫功能减退，神经系统失调而导致的各种疾病，更容易使他们失去活下去的信心和生存的目标，从而更加消极，衰老，心情沮丧。在这种严重的心理障碍下，老年人的生命健康将受到极大危害。

第三章
青春期少男少女的心理健康

青少年有哪些心理特征

1. 青春期是青少年成长的“多事之秋”

中学生处于生长发育的青春期。有人把青春期称为“多事之秋”，因为青春期的孩子特别容易出现心理问题。所以，家长应悉心关注孩子的心理变化，注意调整自己的教育方法。

2. 对青少年进行引导和教育有利于养成良好的习惯

许多家长都有同样的感受：孩子上了中学以后就不如上小学时好管，学习问题、人际交往问题、身心成长问题、习惯问题等等，都是家长面临的一个又一个的挑战。初一阶段无疑是挑战的开始。但是，有些家长觉得初一的孩子挺老实，到了中学后期发现问题的严重性后，已很棘手了。所以家长要在初一阶段即对孩子进行正确的引导和教育，使其尽早养成好习惯。毕竟初一的孩子属于青春早期，心理发展的水平还比较幼稚，对成人的依赖较多。这一时期的孩子个性还不稳定，面对新教师和新同学，具有一定的好奇心和上进心，是改掉坏习惯、培养好习惯的好时机。

3. 尊重孩子的隐私和情感是初中生教育的重要方法

初中生的心理独立愿望增强，自己有主见，不愿听从家长的意见，有话不愿对家长说，愿意写日记，和同学打电话时有说不完的话，顶撞家长等等。有的家长采用对小学生的方法来对待初中生，用简单粗暴的方法要孩子顺从。孩子对此很可能变得更加逆反，或者胆小退缩，缺少主见和自信心。所以，做家长的首先要学会尊重孩子，允许孩子有隐私，不要把孩子当作自己的私有财产，想打就打，想骂就骂。相反，你越是把孩子当朋友尊重，孩子越愿意和你说心里话，关系也越好相处。

4. 青春期的青少年由于生理变化而易导致情绪不稳定

孩子进入青春期，生理上发生了很大变化，尤其是内分泌系统的发展，必然会影响心理发展，例如，情绪变得很不稳定、个性变得捉摸不定、敏感、自尊心强、特别在意别人对自己的看法等。家长要理解这一时期孩子身心发展的特殊性，要及时与其沟通，为其开导。这一时期家长应细心体察初中生的情绪变化，加以引导。

5. 青春期青少年面临形象思维向抽象思维转变的障碍

中学的学习内容和方法与小学有很大变化，老师对学习强制管理少了，学习内容更需要抽象思维。一些孩子很不适应这一改变，尽管小学学习很好，由于不能适应变化、及时调整学习方法，学习成绩很有可能下降。有的孩子是经过很大的努力才考上重点中学的，上中学后，家长觉得可以暂时松一口气了，不像以往抓得那么紧了。结果，孩子的学习成绩一落千丈，性格也变得自卑、内向，严重的还会造成心理疾病。所以，家长要密切观察孩子的心理变化。

6. 好的伙伴可以对青少年产生良好的影响

青春期的孩子最容易受到伙伴行为的影响。家长不要禁止孩子交友，但也不能放任自流。有位家长把孩子送到一个贵族式寄宿学校，孩子周围的同学经常攀比物质条件，结果不但孩子的学习成绩急剧滑坡，还沾染上了许多坏习气。后来家长及时换了学校，孩子的情况才大有好转。

少男少女有哪些不健康心理

少男少女由于处在身体发育、知识和生活经验尚不充足的特定时期，故可有不健康的心理表现，发现时应当及时纠正。其表现主要有以下几个方面：

1. 忧郁

由于种种原因，青少年会出现闷闷不乐、愁眉苦脸、沉默寡言的现象。如果长时期处于这种状态，就应当予以充分重视。

2. 狭隘

斤斤计较，心胸狭窄，不能容人也不理解别人，对小事耿耿于怀，爱钻牛角尖。

3. 嫉妒

当别人比自己好时，表现出不自然、不舒服甚至怀有敌意，更有甚者竟用打击、中伤手段。

4. 惊恐

对环境和事物有恐惧感，如怕针、怕暗、怕鬼怪。轻者心跳厉害、手发抖，重者睡不着觉、失眠、梦中惊叫等。

5. 残暴

有点儿小事自己不快，便向别人发泄，摔摔打打、骂骂咧咧，有的则以戏弄别人为自己开心，对别人冷嘲热讽，没有温暖之心。

6. 敏感

即神经过敏、多疑，常常把别人无意的话、不相干的动作当作对自己的轻视或嘲笑，为此而喜怒无常，情绪变化很大。

7. 自卑

对自己缺乏信心，以为在各方面都不如别人。无论在学习上，还是在生活中，总把自己看得比别人低一等，抬不起头来。这种自卑严重影响了自己的情绪，对什么都缺乏情趣，压抑感太强。

什么是青春期挫折综合证

医学上将儿童逐渐发育过渡到成年人的这一段时间叫作青春期，又叫青春发育期。

青春期是人生历程中的一个特殊阶段，无论是生理上还是心理上都有着显著的变化。男孩儿在青春期，不仅身体迅速增高，体型逐渐魁梧，一般约13岁开始长出阴毛，15岁声音变粗，嘴唇上方出现细软似绒毛样的胡须，而且阴茎和睾丸变大了，颈部喉结突出了。在身体形态上由儿童逐渐变成了一个男子汉，这个时期有时在睡眠中可不知不觉地排出精液。

女孩儿的生理变化更早、更大，一般约9岁时臀部变圆，11岁乳房迅速增大，12岁个头突然增高，13岁左右月经来潮。不懂得生理卫生常识的女孩儿都会感到奇怪、羞涩或惊慌失措。

在这个特殊阶段，他们过去在家庭生活中形成的性格、意志、品德等心理特点，要重新接受社会实践的考验，并必须通过自我调节加以充实、完善，才能顺利地度过青春期。虽然生理和环境的改变促使着孩子们心理上的独立意向迅速发展，而社会实践和认识能力却往往跟不上，因此美好的愿望和理想不一定能如愿以偿。

在走向生活的道路上，常会遇到一些挫折。例如，随着生理上的成熟，对异性开始注意、爱慕，以至萌发恋爱的情感，但行为却受到家庭、社会道德以及羞涩、胆怯等自身心理的约束，而产生各种矛盾，常引起焦虑、忧郁、烦恼等。

在看待新事物、生活方式、兴趣爱好、审美观点、穿着打扮、房间布置等方面也都因社会潮流的影响而显著地变化，父母应给予谅解和帮助。尤其是被家长百般宠爱的乖宝宝，大都心胸狭窄、意志薄弱、欲望较高，自以为是，不能正确对待自己的缺点，一旦受到严重挫折，如升学考试落榜、失恋等，就可能出现“青春期挫折综合征”。

“青春期挫折综合征”是20世纪90年代才引起人们注意的现代病，它的早期表现是，自己觉得头痛、腹痛，注意力不集中，思维迟钝，成绩突然下降，并因此而迟到、早退、旷课或旷工。

本症患者对老师和家长的批评教育不易接受，并且反抗性愈来愈强。从置若罔闻、放荡不羁到公然对抗或不辞而别、流浪街头、乱搞男女关系，严重者甚至自杀或持械行凶等。因此，青春期发育的卫生知识不仅父母要讲，学校也应讲授，以消除青少年对正常生理变化的神秘感和恐惧感。

由于时代的发展，精神生活的内容也发生了变化。在家庭中，两代人的生活习惯，必定有一定的距离，家长既不能对子女一味迁就，任其沾染社会上的不良习气，也不能过于挑剔，甚至打骂、压制。尤其对有性格缺陷和缺乏独立生活能力的少年，在他们的学习、为人处世中遇到困难的时候，要多加关心，帮助他们分析和解决在学校中、社会上遇到的麻烦，让孩子们在不断的社会实践中健康地度过青春期。

“青春期挫折综合征”是介于神经官能症和精神分裂症中间的一种疾病。所以宜细心观察，早期发现，及时治疗，切莫误认为性格古怪或思想问题而贻误病情。倘若怀疑有综合征时应请教精神病学专家进行诊断和治疗。

青春期有哪些心理特点

青春期心理特点，应从青春期年龄阶段来考察分析。青春期通常称为青春发育期，是少年向成年过渡的阶段，相当于小学后期和整个中学阶段，一般指11～19岁年龄阶段，其中11～15岁为少年期（青春早期），15～19岁为青年初期（青春期）。

少年期具有一种半儿童、半成人的心理特征，正处在半幼稚、半成熟的时期，是独立性和依赖性、自觉性、幼稚性错综矛盾的时期，是心理发生巨大变化的转变期。青年初期具有趋向独立性、趋向成人化的心理特点，处于独立走向社会生活的准备时期，是心理发展趋于成熟的时期。

青春期的心理发展特点，突出地表现在思维、情绪、意志和个性的发展上。

1. **思维发展**

少年期在观察的自觉性、稳定性、精确性方面有了明显的提高，抽象逻辑思维开始占有相对优势，能根据抽象的命题进行逻辑推理，但基本属于“经验型”，由于易受情绪和兴趣的制约，思维显得片面和肤浅。

青年初期抽象逻辑思维由经验型向理论型发展，将各种经验材料做出规律性的概括，用理论指导拓展知识领域，抽象逻辑思维已占优势，思维的独立性、批判性和创造性有了明显发展。对他人的想法和观点一般不轻信或盲从，观察事物具有目的性和系统性，能从事物的本质和各种主要细节上，从事物因果关系上分清主次，喜欢标新立异，发表独到见解，但水平较低，观点常常偏激，难免片面化和表面化。

2. **情绪发展**

情感丰富易变。少年期情绪易于动荡，具有明显的两极性。活泼而富有朝气，常有冲动性，不善于克制自己，行为不易预测，是最令人操心的危险年龄段。在待人接物上情绪色彩浓厚，心情好时整天兴高采烈，心情不佳时整天闷闷不乐，情绪与理智的矛盾比较突出。自控能力较差，理智的防线较弱，常常偏激、片面，想得极端，做得极端。

青年初期的情绪带有文饰和曲折的特点，常常把自己的内心世界隐藏起来，对父母和成年人形成封闭，在封闭自我的同时又会感到孤独。这一时期，他们把自己当作独立的社会成员，努力使自己成为最理想的人，常以伟人、英雄人物为榜样，对自己提出要求，加强自我教育，进行自我规划，鞭策自己成为有用的人才。

3. 意志发展

少年期在行动中已有明确的目的性和主动性，在行动方面常为个人利益所驱使，情感易变，意志不稳定。青年初期，由于世界观逐渐形成，在行动中比较自觉地把个人的目的和社会的目的融合在一起，根据自己的观点和信仰采取相对的行动，克服少年期的草率从事、盲目行动，逐渐明辨是非。

4. 个性发展

自我意识的发展最为明显。少年期，对人的内心世界、内心品质有了了解，开始要求了解别人和自己的个性特点，了解自己的体验和评价自己，同时评价别人的个性、品质。自我意识发展的最大特点是成人感的形成，极力想表现出成人的作风和气魄。但是，在自评和互评的问题上，常常不客观、不全面、不稳定。

青年初期，自我意识进一步发展，表现为能独立、自觉地按照一定目标和准则评价自己的品质和能力。在道德意识、道德行为上日益加强，情感上不再依赖父母，独立地选择所喜欢的事物。但是，自我意识的发展还处于不够成熟的阶段，分析评价自己还不深刻，甚至还不稳定。他们希望父母、老师对其行动不作严格限制，他们要自由支配时间，捍卫自己的观点和评价标准，因而，易与家长、教师产生分歧。

概括起来，青春期的心理特点离不开五对矛盾：一是封闭性与孤独感；二是独立性与依赖性；三是对抗性与顺从性；四是情绪和理智；五是求知欲与辨别力。我们应该很好地认识青春期的心理特点，以便更好地把握自己。

青春期两性心理有哪些差异

青春期两性心理差异首先反映在青少年性心理的异性疏远期、爱慕期、恋爱期三个阶段上。

1. 疏远期

男孩儿的表现不十分明显，没有明显的疏远期与爱慕阶段差异。有相当数量的男孩儿在疏远期对异性主动疏远体验不深，甚至未领略与异性疏远的意蕴已进入爱慕期。

女孩儿的青春发育期比男孩儿早得多，体态明显变化先于同龄男孩，因而羞涩感更为强烈，主动回避异性，尽量减少与异性的不必要的接触，怕男孩儿发觉她们的体态变化，唯恐同性伙伴嘲笑、奚落其与男孩儿的接触。

2. 爱慕期

男孩儿对周围的女孩儿产生既可爱又神秘的感觉，注意异性的体态变化、容貌变化并容易被女孩温柔文静的气质所吸引，与女孩儿接触时显得笨手笨脚、不知所措，既激动又紧张，既欣喜又羞涩。

在整个爱慕期，男孩对女孩兴趣强烈，抓住机遇在女孩面前表现自己，主动帮助女孩儿，注意调节自己的举止，努力呈现为异性所喜欢的气质和风度，同时尽量掩盖自己的“缺陷”。女孩儿仍然难以摆脱疏远期遗留下来的羞涩感，但能大胆地正视男孩，对男孩儿发生兴趣，观察男孩的体态变化。当男孩进入爱慕期后，女孩儿对异性的兴趣才真正地强烈起来，但整个爱慕期女孩儿是被动的，显得更文静、温柔，使男孩儿产生对自己的爱慕情感。

男孩儿对女人的兴趣，表现在背后对女性的评头论足，对容貌好的女性加以赞誉，反之会嘲笑讥讽。女孩儿对男性的议论更为细致，一般对符合自己标准的“英俊少年”才乐意评论。

3. 恋爱期

男孩儿以自己的标准选择“恋人”，“一见钟情”现象在男孩儿身上时有发生，单纯以容貌、身材、姿态作为“恋人”标准。女孩儿在进入恋爱期后摆脱了爱慕期的幼稚和“痴情”，渴望真正的爱情，以更苛求的标准寻找“意中人”。怀春的女孩儿，常常造成“爱情错觉”，把对方的言谈举止纳入自己需要的轨道，产生单相思的情感，为此影响学习，影响身心健康。

在性欲意识的发展上，同样存在着青春期两性心理的明显差异。男性的性欲兴趣明显地比女性强烈，为了解女性的奥秘，偷偷阅读涉及生殖器官内容的生理卫生书籍，阅读有关的科普小册子，阅读文学作品中反映性生理、性心理状态的有关细节，对自己的性器官感兴趣，对生殖器勃起感到新奇。

女性的性兴趣主要表现在想获取性生理知识的愿望上，并主动地阅读介绍性生理卫生知识的科普书籍，了解性奥秘，同时对男性的生理变化也发生兴趣。亦喜欢阅读有关性心理的文艺书籍，以了解自身与异性的心理活动。但她不想让同性伙伴知道自己对性问题的兴趣，更不愿让异性了解自己对性问题的探索。女性议论的性知识内容往往是怀孕、生育，谈论的中心议题常常是当代文艺、体育明星的恋爱和私生活等等。

青春发育期是人生的关键时期，关系着人一生的身体素质、心理素质和社会适应能力，因此了解青春期两性心理差异，以便更好地了解自我、调整自我，对一个人的成长是非常必要的。

青少年电子游戏机病会引起哪些心理障碍

1. 青少年电子游戏机病会影响学习

青少年的主要任务就是学习，若整日迷恋于电子游戏机，就会使他们无法安心学习，上课思想不集中，开小差，净想着玩电子游戏机时的情形。这不仅影响他们的学习，若进一步发展，还会发生厌学和逃学等情况。

2. 青少年电子游戏机病易患电视性癫痫

电视屏幕的不断闪烁、跳跃，对患有癫痫的青少年或有癫痫素质（有癫痫家族史）的青少年，或隐匿性癫痫患者（脑电图检查有癫痫波形，无癫痫病的临床发作），容易使大脑细胞发生异常放电，从而诱发癫痫病发作。

3. 青少年电子游戏机病会影响视力

长时间玩电子游戏机，会使眼肌疲劳，影响视力，造成近视。此外，还会使维生素A和视蛋白（构成感光色素的物质）缺少。与此同时，使谷胱甘肽减少，影响到晶状体的透明度，使晶体浑浊，发生白内障，还可能会发生眼干燥症，使眼泪减少，眼球疼痛，眼内有异物感症状出现。

4. 青少年电子游戏机病会影响身体健康

长时间玩电子游戏机，可使精神处于高度紧张状态之中。对电视屏幕上出现的情况，需要在瞬间内作出分析、判断、反应等一系列的神经活动，这就会消耗大量的神经传导介质和其他生理活性物质，还会使大脑发生疲劳，影响大脑的正常工作，甚至引起心理障碍。

5. 青少年电子游戏机病会导致发生不良行为

许多商店出租电子游戏机，从中盈利。但收费之高，对无经济来源的青少年来讲是一个经济压力。如果思想动机不纯，或受到坏人利用、诱惑，便会出现偷、抢、盗窃等违法乱纪行为，从而走上犯罪道路。

青春期精神心理疾病主要有哪些

1．神经衰弱

它是由于某些长期存在的精神刺激所引起的神经过度紧张，从而导致高级神经活动失调。主要表现为：头晕、脑胀、失眠多梦、记忆力减退、注意力不持久、烦躁易怒、疲乏无力、怕光怕声及眼花耳鸣等。

2．癔症

原称歇斯底里。它是一种较常见的神经官能症，常因精神因素或不良暗示引起发病。有的躯体无病，却突然出现肢体瘫痪抽筋；有的发音器官正常，却突然说不出话来或出现耳聋；有的食欲低下或进食后伴有恶心、呕吐。在精神症状方面可表现为阵发性喜怒无常、装神扮鬼、愤懑悲伤、惊恐惶惑或大发雷霆、捶胸顿足、撕衣毁物、以头撞墙等。

3．强迫性神经症

主要表现为重复做某一动作，反复地回忆某一件事，穷思竭虑某一个问题，怕见生人或怕见熟人。

4．反应性精神病

有的呆若木鸡，僵直不动，不言不语，对呼唤和危险没有相应的反应；有的意识模糊，表情紧张、恐怖，做出许多杂乱而无意识的动作；有的自觉有罪企图自杀等。

5. 狂躁忧郁症

情绪高涨时，话多成套，作诗答对，忙忙碌碌，专爱打扮；情绪不稳或情绪低落时，表情痛苦，少言寡语，反应迟钝。

6. 精神分裂症

往往情感淡漠，不言不语，或言语混乱，痴心妄想，大哭大闹等。

为什么少男少女易患“花癫”

精神分裂症是一种常见的精神病，因为易发于如花似玉的年华，故亦称为“花癫”。这一名称概念含混，往往包括心因反应症和癔症。确切地说，花癫是指单纯型和青春型精神分裂症。

这种病的主要表现是：轻时，主动性减退，情感反应减弱，思维内容贫乏或奇特，伴有明显的联想散漫；重时，行为紊乱，感情反应幼稚，哭笑无常，常常自己对着镜子哭笑或做鬼脸，有时外出乱跑，甚至赤身裸体不知羞耻。

总之，本病可以概括为思维、情感、行为与环境之间互不协调，即所谓的“分裂”，对自己的病态缺乏认识，不承认自己有精神病。

花癫重要的精神活动障碍是思维障碍。正常思维过程是一系列概念的联系过程，合乎逻辑，前后连贯。而这种病人联想散漫，支离破碎，语无伦次，称之为思维破裂；有时会出现被迫害妄想、被钟情妄想、嫉妒妄想、疑病妄想和夸大妄想，甚至清醒时有梦样体验。

花癫另一个主要表现是情感反应与思维内容不协调，与当时的环境不协调，在意识清楚的情况下出现幻觉（视、听、嗅）。

花癫的行为障碍往往是知觉、思维和情感障碍的后果。除了行为紊乱之外，常表现出内向性，顽固地沉溺于自己的意欲、妄想和幻觉之中。

这种病人往往渐渐起病，初时表现为生活懒散，工作与学习的积极性下降，常被误认为是思想或性格问题。患者往往诉说身体某些不适，但又查不出实质性疾病，常被误认为"神经衰弱"，应引起警惕。

为什么少男少女易患花癫呢？迄今为止花癫的发病机理还不十分清楚，大脑一般无明显病理形态学改变；有人认为与遗传有一定关系。少男少女神经内分泌系统不稳定，大脑虽然出现了抽象思维和创造性想象能力，但幻想倾向很强，情感的两极性还不能相辅相成，消极和紧张有时占优势，意志力还不强，行为还缺乏准确和果断。

从社会角度来看，少男少女知识面狭窄，阅历浅，对打击承受能力较弱。一旦刺激过强过久就会使神经内分泌衰竭，产生适应综合征而发"花癫"。

如何正确区分早恋与正常交往

成年人在对待青少年的异性交往方面所犯的最常见的错误，就是对青少年的异性交往过分敏感，错把正常的异性交往看成是早恋，采取一些不恰当的干预措施，结果反而使没有早恋关系的青少年产生了这种关系，或者给青少年的正常交往造成障碍，影响了青少年的正常交往活动。

我们认为，青少年男女之间的正常交往，不仅是正常的，而且是必要的，没有这种交往的青少年，很可能有心理障碍和缺陷，是社会适应不良的表现。父母和学校应当创造条件，鼓励青少年男女之间开展正常的交往，以此打破对异性的神秘感，增进相互之间的了解。

同时，一些青少年男女之间，由于性格相近、志趣相投、互为邻居、共同担任一定职务和参加某项活动等，而有比其他人更加亲近、密切的个人关系，也是很正常的。人与人之间的关系有亲有疏，有一些人一见如故、变成好朋友，有些人相处多年仍不了解，形同路人，这都是很常见的人际交往现象，即使在成年人中也是如此。因此，不能对青少年的人际交往有过分的要求，不能硬性要求青少年不与异性交往，或者要求青少年与所有异性保持等距离关系。

从一般情况来看，只要青少年男女之间的交往中没有下列现象，就不能一概当作早恋来对待：

（1）经常与异性同学单独约会或相处，不喜欢集体活动；

（2）学习成绩突然下降；

（3）上课和与人说话时，注意力不集中，经常出现“走神儿”现象；

（4）背着家长偷偷写信、写日记，见了家长急忙掩饰；

（5）与异性同学经常有书信往来，或者经常通电话、递条子等；

（6）在与异性同学单独相处时有拥抱、接吻等行为；

（7）对对方有强烈的感情依恋，见不到对方就不能正常生活、学习，产生“一日不见，如隔三秋”之类的情感体验；

（8）有性行为。

人的心理和行为都是相当复杂的，确定行为的性质，必须考虑内在的心理因素，而不能仅仅看表面行为。

如何避免“罗密欧与朱丽叶效应”

大量的事例表明，对于中学生的早恋，宜导不宜堵，粗暴禁止，只会引起相反的结果。实践已经反复证明，对早恋行为粗暴禁止，不仅不会达到预期的目的，反而会使事情走向反面：本来恋爱关系并不明确的青少年，变成了真正的“恋人”；一些陷入恋爱关系的青少年，不堪忍受父母的粗暴干涉，离家出走；甚至会有一些青少年在情绪冲动之下，殉情自杀。

心理学的研究也证实了粗暴禁止和反对恋爱关系的做法的危害之处，认为父母的粗暴干预会导致“罗密欧与朱丽叶效应”。即父母的干预和禁止导致恋爱双方的感情进一步加深。

之所以出现这种情况，是因为父母的禁止和反对，使恋爱双方产生了挫折或心理抗拒，促使两人同舟共济、共渡难关，这种心理过程，强化了双方之间的关系。

由此可见，父母对待青少年的早恋行为，决不能粗暴干预和禁止，而应克制自己的感情，用理智的态度，耐心地向子女讲清早恋的危害和应当采取的处理办法，使青少年的认识发生转变，主动地去解决好自己的问题。

第四章 怎样处理家庭生活中常见的心理问题

不孕症会引起哪些家庭心理问题

对于每一对希望有孩子的夫妻来说，最大的打击莫过于不孕不育了。他们极其希望有一个健康活泼的宝宝，但上天却偏偏剥夺了他们的这种权利。这对他们的心理产生了巨大的伤害。研究表明，他们在各阶段会产生的心理问题有以下几种。

（1）不可思议感，他们会完全无法接受这样的现实，不能相信这样健康并且相爱的人会无法孕育出自己爱的结晶，这让他们痛苦不堪，并且遗憾万分，甚至会造成夫妻俩的矛盾并相互埋怨。而在接受这方面的咨询和治疗时，由于涉及自己的隐私，经常会不好意思，想要逃避，甚至厌恶，承受很大的压力。而检查的结果如果有一方是完全正常的，那么另一方就会充满负疚感，觉得对不起对方，还会出现不安全感，常常在想对方会不会因此而嫌弃自己．另结新欢并和自己分手。要正确地解决这些心理问题，就要夫妻双方互相理解，平静地接受现实，并用行动给对方以安全感，减轻对方的压力，共同想办法来解决问题。

（2）接受治疗失败导致的心理障碍，在接受了一系列尴尬、难以忍受和不愉快的治疗时，患者所承受的精神压力就已经很大了，如果效果不明显或结果不好，就更容易让他们失去信心，无法面对。想到家人和朋友也许会不理解，甚至嘲笑讥讽，多数病人会更加沮丧，思想压力更加沉重，甚至想到离婚或轻生。夫妻间正常的生活也会被打破，家庭长期处于沉闷、不愉快的气氛中。所以，这时的家人、朋友是患者最大的精神支柱，给予患者安慰、劝导和理解是减轻患者心理压力的最好办法。

（3）被迫接受现实后的心理压力，被迫接受了这个残酷的现实，患者及其家人都要及时地调整心态，考虑更好的解决办法，其中很多夫妇会考虑收养孩子。但收养的孩子毕竟不是自己亲生的孩子，在思想上心理上很难一下子接受，因为在某种程度上来讲，收养的孩子正无时无刻地在提醒着自己和家人患者不孕不育的事实。夫妇双方以及家人要注意调整好自己的心态，平和地接受现实，接受孩子，因为这等于是给了自己一个新的天地，并开始新的生活。

丧偶综合征及对症治疗

丧偶综合征是指夫妻一方死亡给另一方在思想上、精神上以及身体上造成巨大的打击和创伤，并由此所引起的身心方面的综合性病症。

原本和美的家庭，恩爱的夫妻由于一方的突然过世而变得破碎，不复存在，对于其爱人来说无疑是一个噩耗，也因此而导致其出现各种各样的心理问题，如过度悲伤、痛苦、抑郁和容易落泪。看到从前两人共同组建的家庭，每一个角落，每一件东西，或是以前两人常去的地方，常走的路，或看到别的夫妻恩恩爱爱，都会让其触景生情，并可能痛哭流涕，夜不成眠，伤心欲绝。从而导致经常神情淡漠、目光呆滞，精力差，体力不支，大脑恍惚不清，记忆力衰退，激动多疑，提前衰老，并对新事物失去兴趣。但大多数人在短期内就可能逐渐恢复正常，只有极少数人会过分沉湎于过去和悲痛中无法自拔，使身体状况持续恶化，并产生自杀厌世的心理。

如何治疗这种病症，使患者从痛苦中走出来，调整好自己的心理状态，过上新的幸福生活是心理学家一直研究的问题。而研究表明，以下方法是治疗此类疾病的较好方法。

（1）家人、朋友的帮助，在失去爱人的时候最需要的就是家人和朋友的关心和爱护。其家人和朋友要尽可能多的陪伴患者，关心患者，开导患者，更要在生活上给予患者更多物质上与精神上的关心和帮助，使患者尽快走出痛苦的深渊。

（2）自我心理调节，别人的感受不一定和自己相同，别人的劝导也不一定能起到作用，有意识的自我心理调整才是帮助自己早日走出阴霾的好方法。首先，要勇于接受现实。所谓“人死不能复生”，要知道再大的痛苦和折磨也不能换回爱人的生命。然后，要努力调整心态，不要经常怀念过去的美好，多想想将来和其他亲人才是积极的心态。

（3）心理咨询和治疗，如果以上方法均不能起作用，就要请心理医生进行帮助疏导了。如有一种非常规的治疗方法，叫作“暴露疗法”，提倡“以毒攻毒”，对重病患者能够起到非常好的疗效。具体做法是将死者生前的大量物品以及患者难以忘记的场景尽可能地在患者面前重现，使其不断回忆死者的点点滴滴。开始患者会遭受巨大的精神刺激而无法承受，心情激动，无法平静，但在治疗五次至七次后会逐渐好转，心中的痛苦和压抑已经尽可能地宣泄出来了，不再像从前那么难受，并重新振作，积极生活，达到思想升华。

老年家庭“空巢”造成的心理失调

所谓老年家庭“空巢”是指老年人退休以后，儿女在外工作，甚至老伴儿又先一步去世，所造成的家庭现象。这样的情况使老人容易患上一种名为“空巢综合征”的心理疾病。出现心理失调、情绪低落、心情郁闷、感觉凄凉，并会责备儿女对自己不好，也导致身体方面的不良症状，如食欲缺乏、睡眠障碍以及各种各样的疾病。

究竟是什么原因导致了这种心理失调现象的产生呢？经过心理学家研究表明，这种症状是由于老年人退休以后，儿女又因工作等原因远离自己，使老人一时间失去了生活的重心而导致的。中国家庭的父母通常把照顾、抚养、教育子女当作第一要务，在失去工作以后忽然又遭遇了儿女的独立、远离，老人顿时会觉得空荡，不知道自己要做些什么，不知道自己还能做些什么；原来生活的主要内容都离他们远去了，加上身体状况的每况愈下，就会感觉自己不中用了，社会不需要了，儿女也不需要了，只能一天一天地走向死亡，从而产生恐惧感、落魄感，对自己失去信心。这种心理状态严重影响了老人的身心健康，对他们各方面都产生了十分不利的影响。

怎样才能让老人从这种不良的状态中走出来，度过一个幸福、安详的晚年生活呢？

（1）要从自我心态调整上下功夫，老人要正确看待儿女独立这一现实。孩子总是要长大的，无论谁也不可能让自己的孩子在自己的翅膀下活一辈子，他们总是要自己学会飞翔，成家立业，走向成熟，要了解到给孩子独立的空间，让他们自己去闯荡是对孩子最好的历练和教育。这样去认识孩子离开父母独立这一问题，才能让自己心态平和，从而放心，放手让孩子去做。

（2）要培养自己新的兴趣爱好来填补老年生活的空白，从前由于工作和照顾孩子而放弃的兴趣爱好，现在可以有机会重新来学了；以前没有机会常常见面的老同学老朋友现在可以多聚在一起了；而从前没有时间去而一直想去的地方，也可以在身体状况允许的情况下去看看了。这样大把的时间不是因为不再工作，不用照顾儿女而空白，而是有时间多为自己而活，能做自己想做的事情了。善于把握机会，安排时间，并能够很好地保持年轻的心态，会保养自己的老人会把这样的状况当作一种享受而不是忍受，会让自己在晚年的时候重新生活得丰富多彩，幸福美满。

父亲的角色对家庭成员的心理影响

一个家庭需要男人和女人共同建立，这时他们要扮演好丈夫和妻子的角色；而在有了孩子以后，他们又要扮演好父亲和母亲的角色。

父亲是家庭中极其重要的人物，担负着重要职责。在抚养和教育子女方面，传统上由母亲负责的形式越来越不适应现代社会。现代科学研究表明，父母双方共同的抚养教育是教育孩子最好的方式。其中，父亲的抚养和教育会对孩子产生有利的影响。

许多由单亲母亲抚养教育的孩子，会有一些性格弱点，如优柔寡断、懦弱、胆小、娇气，尤其有些男孩子会让人感觉缺少男子汉的气魄，像个小女孩儿。而父亲的教育相对于母亲来讲是大大不同的，他们更加注重培养孩子坚韧不拔的性格，果断处理事情的能力以及大胆豪迈的气质。

父亲的角色在家庭中尤其对子女起到了很大程度上的心理影响，这些都是由父亲的人格特点和教育手段所决定的，那么，就让我们来总结一下父亲的人格特点和教育手段。

1. 人格特点

（1）理性多于感性，女人多用感觉处理事情而男人多用理性，他们更加注意事物的规律性、客观性、现实性以及做事的条理性。

（2）意志力，男人的意志力较女人来讲要强很多，在遇到事情和重大挫折的时候往往显得比女性更加坚强、执着和富有斗志。

（3）距离感，父亲很少会像母亲那样爱抚孩子，陪伴孩子玩耍，他们强调通过一定的距离来保证自己的威严感。

（4）以事业为中心，父亲的这一作风不仅让孩子学到一种对家庭的责任感，更能让孩子明确人生奋斗的目标，学到勤勉、积极向上的品质。

2. 教育手段

（1）要求严厉，父亲的角色注定了他们不同于母亲的教育方式，没有事无巨细、无微不至的呵护，取而代之的是严厉的要求、训练、督促和塑造，直到子女达到他们满意的标准或具有与他类似的特质才会满意。

（2）榜样示范，父亲在孩子面前更注意自己的形象，力求给孩子做一个好的榜样。比如诚实、守信、条理分明、思路明确、处事严谨。

在现代社会中，无论男女，都要走向社会，一些男性好的品质正成为一种社会期待，而父亲对孩子的培养教育正和母亲的教育一起走向更加重要的位置。所以说扮演一个好的父亲角色对家庭成员，尤其是对子女的心理影响是至关重要的。

母亲的角色对其自身的心理影响

母亲角色是成年女性在有了子女以后而具有的相应身份和行为模式。母亲要了解并掌握家庭中母亲角色的主要职能。通常意义上认为，母亲职能主要包括：怀胎、分娩、喂养并照顾、教育后代。人们常说，世界上最伟大的爱就是母爱，它是天生和无私的，不求任何回报的爱。母亲不嫌弃孩子的缺点，只会将孩子向好的方向引导，不能说母亲为孩子所做的一切一定就是正确的，但是它们绝对都是出于好的目的。

但是抚养和教育孩子在当今社会中绝不是母亲一个人的事情，要想培养出各个方面都出色的孩子，一定要父母双方的共同努力。而相对于父亲的教育而言，母亲的教育更倾向于善良的品质，谦和礼貌的态度，待人亲切热情，感情真挚外露，平等友爱的关系，并具有温柔、通情达理的性格。

而值得注意的是，母亲角色对家庭成员中影响最大的并不是孩子，而是她自己。心理学家研究表明，女性在成为母亲以后，心理上会发生巨大的变化，可以将之总结为以下两点。

（1）生活目标和内容的重心，重新确定女性在有了孩子以后，生活的重点似乎一下子转移了。她开始把全部的爱转向孩子。对孩子无微不至地照顾，处处为孩子着想，事事首先想到孩子。从某方面来说，这时的女性对丈夫和孩子极不平等，与丈夫的沟通逐渐减少，丈夫再也不是她生活的全部内容，丈夫的地位直线下降，从前甜蜜的两人世界顷刻间被打破。工作上也是如此，究竟以工作为中心还是以孩子为中心开始成为一对矛盾困扰着女性。但是现代大多数的女性已经是自立自主并且乐观理性的新女性了，她们懂得也能够处理好与孩子、与丈夫、与工作之间的关系，让各种关系正常和谐地存在并相互完善。

（2）自我完善，成熟女人在成为母亲以后似乎才真正地长大了。从前的孩子气逐渐消除，浑身开始散发着母性的光辉，知道有一个更重要的人在等待她的照顾，懂得承担起照顾子女的伟大责任。

另外，对于子女来说，母亲在教育他们的时候，如果能够注意适当地给予，不要过分地变成对子女的溺爱，适当采取父亲的教育做法，就更能对子女的心理和其成长带来好的影响。

家庭成员相互间的心理影响

一个家庭的家庭成员之间会相互影响，不同的角色使他们拥有不同的家庭职能。无论是作为丈夫、妻子，还是父亲、母亲、子女，或是当家人，理财人，或主内或主外，或者只作为读书的学生，都有其特定的职能。而家庭的角色结构是在家庭成员的互动中形成的，每一个家庭都大致相同又不尽相同，它是家庭成员之间长期共同生活、磨合所形成的，它包含着非常复杂的心理过程。其形成有一定的规律可循。形成的各种家庭角色结构对其他家庭成员都会有一定的心理影响。

（1）家庭中的主配角分配在一个家庭中，每一个成员都想成为家庭中的主角，权威者，领导者，也就是我们通常所说的对大小事件的决策者。在发生了对家庭有影响的事件时，应该怎样去做，通常是由家庭成员集体讨论作出相应决策，但也总得有一个把握方向的人，这就是我们所说的家庭中的当家人。当然，有了当家人，其他成员就自然被塑造成为被领导者，这时，这些所谓的家庭“配角”就要注意调整好自己的心态，或是顺从或是反抗，适当的甘心顺从会维护家庭的和睦。而由于心理不平衡进行反抗，就自然会造成家庭的矛盾，夫妻之间吵吵闹闹。儿女对家长的反抗，不尊重，都是一个家庭不能及时调整好角色结构导致的。

（2）家庭中角色身份过分偏向，这种情况是指家庭角色不正常所导致的其他家庭成员也随之偏差的恶性循环。比如父亲形象过于严厉，就会导致母亲没有其应有的立场，孩子在父亲面前出现过分畏惧的现象。这时父亲应该注意调整自己，尽量温和一些对待家人，使妻子和儿女也有其应有的立场和态度，创造一种更为和谐的家庭氛围。而如果父母过分溺爱孩子，又会导致孩子无法无天，谁的话也不听，或过分娇气依赖父母。而要改变这种角色偏向的现象，让孩子恢复一种正常的角色，就要父母克服骄纵、溺爱的习惯，要克服一切只要孩子高兴的心理。这些也体现出父母教育态度的偏差，所以，学会科学的教育孩子是为人父母必修的课程。

什么叫家庭成员间的心理相容

家庭成员间的心理相容指家庭成员在信念、理念、观点、理想以及价值观等方面的一致性。夫妻、父母、儿女，各种家庭角色之间都应该互相尊重，互相体谅，互相理解，相互依存。反之则容易导致这样或那样的家庭问题和心理问题。

（1）夫妻之间的心理相容，相爱的两个人组成家庭，夫妻之间亲密无间，心心相印，互敬互爱，配合默契，从彼此身上感受爱情，感受温暖和安全感。相反，如果夫妻之间心理不能够相容，就会经常吵闹不和，互相猜疑，使家庭气氛紧张，甚至感受不到家庭的快乐，只觉得无法再生活在一起，感觉痛苦，从而走向离婚的家庭悲剧。要想改变这种状态应该彼此信任，彼此尊重，彼此爱护，宽容地对待对方，创造良好和睦的家庭氛围。

（2）父母与儿女之间的心理相容，儿女应该孝顺父母，父母应该爱护并科学地教育好儿女。在儿女做错的时候，父母应该进行教育开导，讲道理摆事实，让孩子心服口服，而不应该张口就骂，动手就打，这样反而会起到相反的作用；在父母有错的时候，儿女要注意不能当面顶撞，应该先顺从再劝导，既要保证父母的尊严和地位又要以劝说的形式让父母改变观点。

（3）兄弟姐妹之间的心理相容，兄弟姐妹之间要互敬互爱，团结互助，共同努力，勉励对方，要懂得为对方付出，为创造一个团结和睦的家庭而努力。

总之，家庭成员之间的心理相容是家庭幸福和睦的重要条件。

父母与子女不和造成的心理困扰

父母照顾并教育子女，子女孝敬并尊重父母，两代人之间有着血浓于水的亲密关系，在生活上、心理上也是互相依存的关系。

但是现代家庭中由于各种各样的原因，父母和子女之间容易产生这样那样的矛盾和冲突或者是代沟。这些给家庭带来很多负面的影响，使家庭成员之间关系紧张，同时也给家庭成员的心理带来了严重的困扰和伤害。如果处理不当，还会使家庭成员之间感情破裂，长时间的不和、纷争，甚至断绝亲子关系，使原本圆满的家庭支离破碎。

造成父母与子女之间不和的原因有很多种，究其心理因素可以大致地概括总结为以下几点。

（1）代沟，代沟是指两代人之间的代际差异。由于所处时代的不同，所接受的文化教育的不同，以及社会历史条件的差异，使得两代人的思想和行为模式都有所不同，尤其是当子女进入青春期，开始脱离父母无微不至的呵护，摆脱对父母的全方位的依赖，开始用自己的思想、价值标准来判断事物的正确与否，于是开始怀疑父母的做法，父母在他们心里不再是权威的、唯一正确的，不再是他们崇拜的偶像，而是和他们平等的、有时也会犯错的普通人。这时他们用自己的方式做事情，用自己的头脑想事情，经常不能够和父母保持一致，于是产生代沟。

（2）沟通不良，两代人在思想上行为上本来就存在着这样那样的差异，如果不能进行良好有效的沟通，那么矛盾和差异只能越来越大，沟通起来也就越来越困难。现在的子女大多个性很强，不愿意轻易低头，也不愿意主动敞开心扉向父母述说自己心里的想法。而父母则始终坚守自己的原则，保持自己的威严，不肯主动和儿女沟通，即使儿女主动要求和父母进行沟通，也经常会因为父母态度不好，没有共同语言而放弃。长此以往，父母与儿女之间更加无话可说，见面也只是打招呼，造成家庭气氛尴尬，或导致误会加深，长时间处于“冰冻”状态，代沟越来越深，无法逾越。

这些父母与子女之间的问题，给父母和子女都带来了严重的不良影响，危害了他们的身心健康，并容易导致其出现心理阴影，影响今后的生活。

那么，怎样才能改善并解决这些难以解决的问题，扫除父母子女不和给对方所带来的心理困扰呢？

（1）让步原则，这里的让步原则指的是上一代向下一代让步的原则。当今的社会正处于高速发展的时代，科技的飞速进步，知识、信息的飞速更新、爆炸使得父母一代的人常有跟不上时代脚步的感觉。而年轻人接受新事物的能力较强，速度也较快，他们对新事物也有着浓厚的兴趣，这就使他们在某种程度上超越了上一代。在这种情况下，上一代人应该给下一代足够的空间，相信他们能够处理好自己的事情，并尊重他们的决定。在遇到自己不知道不了解的新东西时，也不妨拿出宽容大度的大将风范向年轻人请教学习，共同进步，让自己也活在时代潮流的浪尖。否则，顽固地坚守自己的权威地位，只能让人感觉顽固不化，封闭固执，也只会让自己越来越脱离时代的脚步，并和子女产生更大的代沟，使家庭不和。所以，上一代人要认清现实，摆正自己的态度，重新认识自己和子女的关系，多学多看，与子女经常沟通，做到与时俱进。这样不仅有利于其自己的进步和身心的健康，更对社会的发展和进步起到良好的推进作用。

（2）理解原则，子女应该孝顺父母，尊敬父母，理解父母，从父母的角度考虑问题。当今的孩子由于个性太强等原因，在很多问题上容易和父母发生冲突，他们不容易理解父母的做法，并站在自己的角度上思考问题，反对或批判父母的观点，这极其不利于父母与子女之间保持良好的关系。多了解自己的父母，多理解自己的父母，多从父母的角度去思考问题，要知道无论父母怎样做都不会害自己的孩子，如果在方式方法上不能够和自己取得共识，说明沟通欠缺，应该进行及时有效的沟通。而作为父母，也应该理解孩子，多了解自己的孩子在想些什么，尝试着走进他们的世界，从孩子的角度看问题，从而给予他们正确的指导和教育。同时也要让子女了解自己的想法，告诉他们为什么要这样做，让子女可以更好地了解自己。还要注意自己的一言一行，给孩子做一个好的榜样，这也有利于正面树立自己的威信，提高自己在子女心目中的地位。

家庭环境不良给孩子带来的心理影响

家庭环境对孩子的成长起着至关重要的作用。一个好的家庭环境会让孩子乐观向上，阳光开朗，而不好的家庭环境则会造成孩子心理阴影，产生诸多的心理问题，给他们将来的人生之路埋下隐患。

经过多年的研究表明，大部分有性格缺陷、心理阴影的人在他的童年、青少年时代都有不同的家庭环境不良的现象。家庭环境不良包括父母不和，经常吵架，甚至大打出手；父母离异，单亲家庭；父母一方或双方去世的破损家庭；父母再婚的家庭。在这样的家庭成长的孩子，出现的心理问题有很多种。

（1）父母不和给孩子带来的心理影响。孩子从小就看到父母经常吵闹或是非常冷淡，会让孩子有很强烈的不安全感，或从小学父母性格暴躁，喜欢发脾气，甚至动手打人，并容易使他们产生胆小、自卑、抑郁、焦虑、消沉等性格缺陷，从而导致其孤僻、任性、自私、傲慢或懦弱、自闭、阴暗以及一系列的品行问题。

（2）单亲、离异家庭或破损家庭、再婚家庭给孩子带来的心理影响。在这样的家庭长大的孩子从小就知道自己与别的家庭的孩子是不同的，他们有强烈的自卑感，觉得自己比别人矮一截，别人都有疼爱自己的爸爸和妈妈，而自己只有爸爸或妈妈或祖父母的关爱。这些孩子由于从小缺乏亲情的温暖和全面的家庭教育，容易变得冷漠孤僻，自私自利，学习和品行都不如别的孩子那样出色，还会对自己失去信心，对世界认识偏差，世界对于他们而言是灰暗的。多数问题少年都是在这样的家庭产生的，他们缺少管教，自暴自弃，容易接受不良影响，心理极度不健康，给家庭和社会都带来了危害。

对于这些家庭环境不良的孩子，父母、家人、老师以及社会都应该及时伸出友爱援助之手，爱护他们，帮助他们，给予他们温暖并教导他们走上正确、健康的人生之路。

积极改善家庭情绪有利身心健康

家庭中每一个成员情绪的总和构成了家庭情绪，整个家庭情绪又影响着每一个家庭成员的情绪。即在一个家庭中，一个家庭成员情绪的好坏往往可以感染其他成员的情绪，使他们随之高兴或烦恼。人与人之间的这种互动的情绪在心理学中被称之为“感情移入”。所以，一个人只照顾自己的情绪是不够的，要知道每天和你有大量时间接触的亲人的情绪、家庭情绪也是左右你的情绪的一个重要的因素。研究表明，好的家庭情绪会带动你快乐的情绪，从而使你的身体健康，心情舒畅，保持心理卫生。而不好的家庭情绪则会起到相反的作用，令你心情郁闷，出现心理问题。

因此，要想保证自己的情绪愉快，就不要自私地只考虑自己，而要努力改善家人的情绪和家庭情绪。做到这一点并不容易，但本着以下原则和大方向着手去做，就会取得很好的效果。

（1）以爱为主旋律，夫妻之间互敬互爱，父母与子女之间相互关爱。要知道，在一个家庭中，爱他们就是爱你自己。即使遇到挫折，只要大家齐心协力，互相鼓励和帮助，就会渡过任何难关。在一个家庭中，每一个成员都不能够吝惜自己的爱心，要不求回报地给予你的每一个亲人最纯洁无私的爱，让每一个人在家庭中感到温暖愉快，这样才能使家成为每个家庭成员的避风港，使家庭情绪达到最佳状态。

（2）对于家人的合理要求要不吝给予，每一个人需要在家庭生活中得到乐趣，得到满足，只要是合理的，能够做到的物质或精神上的要求，作为家人都应该给予其最大的满足和安慰。

（3）不断创新的家庭生活，家庭生活不能够按部就班，几十年如一日，偶尔给你的家人惊喜会带来意想不到的效果。同时也要注意丰富家庭的精神生活，培养更多共同的业余爱好，和你的家人一起感受音乐、舞蹈、艺术、娱乐所带来的乐趣。

（4）互相尊重，家庭民主，提倡平等、民主、团结的家庭氛围也是改善家庭情绪的重要内容。不要在家庭里横行霸道，作风强硬，不应该把对待敌人的态度和手段放到家里，这样只能使家庭冰冷无味，支离破碎，从而使家庭情绪消极，给家人的身心带来伤害。要懂得尊重家人，爱护家人，保护家人，在遇到事情时互相商议，互相帮助，使家人在家庭中得到温暖，这才是我们建立家庭的目的和初衷。

（5）远离不良嗜好，不要把不好的情绪带回家，更不要拿自己的亲人发泄怨气，不赌博，不酗酒，要知道这些都会严重影响家人的心理健康和家庭情绪，给家人带来严重的心理负担和精神压力，甚至导致家庭的解体，酿成更大的悲剧。

认识到良好家庭情绪的重要性和不良家庭情绪给家庭带来的危害，就要从我做起，加强道德和品行修养，克服自己的缺点，学会善于引导家庭情绪向积极方向发展，努力改善家庭情绪，为家庭的和美幸福作出更大的贡献。

父母离异对孩子心理健康的影响

诸多的家庭问题都会造成孩子心理的不健康，下面我们来重点说一下父母离异对孩子的心理健康所带来的影响。

对于需要父母共同爱护的孩子来说，最害怕的事情就是父母离异，有一方离开自己，家庭破裂，那种凄惨和对自己内心造成的痛苦是无以言表的。经过多年的研究，心理学家把父母离异对孩子身心所造成的影响总结为如下几点：

（1）适应性问题，父母离异以后，孩子必定要主动或被动选择父母中的一方共同生活，能否适应一方家长的抚育和新的环境对于孩子来说是一个适应性的问题。研究表明，不同年龄阶段的孩子的这种适应能力和行为表现是不尽相同的。比如，幼儿时期的孩子多表现在行为上。3岁左右的幼儿每天都要寻找离开的一方，并有可能出现行为倒退的现象；4岁左右的孩子则会烦躁、易怒；5~6岁的孩子则表现得十分焦虑，并常常对着玩具等模拟环境，自言自语，希望另一方赶快回来。而7岁以上儿童的不适应则更多地表现在思想上，他们会感到痛苦、无奈、耻辱、失落或觉得自己被欺骗，对父母产生愤怒、不满、怨恨的情绪。

而不同性别的孩子对父母离异的适应性也有所不同，通常情况下，男孩子的适应性要比女孩子差一些。女孩子在12岁以后就能较好地适应父母离异这一现实，而男孩子则要晚很多，这种现象与女孩发育较男孩早有关。

（2）心理健康问题，父母离异会给孩子带来较严重的心理问题，使他们容易出现心理的阴影。亲情的缺失是孩子最难接受，也是导致他们心理不健康的最大因素。父母离异后，会有很长一段时间由于生活的不稳定和不规律，使孩子也处在一种混乱、紧张、无所适从的状态中，给他们的心理造成很大的压力，影响他们的心理健康。父母离异后，孩子只能享受到父亲或母亲其中一方的照顾、关爱和教育，对于他们来说，家庭不再完整，父母也不像从前那样疼爱自己了。这使他们感受到痛苦、孤独无助，自卑、自怜或反叛的心理也悄悄爬上他们的心头，使他们容易变得孤僻、自闭、叛逆或自暴自弃。而同时父母教育的不完整和偏离，也会对他们的性格产生影响，如长期单独和母亲一起生活的男孩子容易变得懦弱、胆小，像个小女孩儿，而长期和父亲生活在一起的孩子，由于父亲粗枝大叶，无法像母亲那样细心地照料孩子，使他们过分早熟，像个小大人，过早失去孩子的天真。

（3）身体健康问题，过重的心理负担给孩子的身体健康带来了危害，并容易导致疾病。

（4）其他影响，父母离异还对孩子造成许多其他方面的影响，如学习成绩的大幅度下降，朋友圈的缩小，与人沟通上的障碍和心理阴影，长期的观察表明，这种心理影响对他们的人生也有着重大的影响，比如将来的恋爱婚姻问题。

家庭成员患病时易有的心理表现

谁都有可能感染疾病，当家庭成员感染疾病的时候，会有怎样的心理呢？而你又应该怎么做才能让他们摆脱消极心理，尽快恢复健康呢？患病严重程度的不同会导致其心理状态的不同，心理学家经过研究，把病人易有的心理总结如下。

（1）求医择优心理，无论大病小病，患者总是要求医问药，希望自己的病赶紧痊愈。而这时又总希望找到能够药到病除的好药，或是找到权威的良医来进行诊治，能够让自己在短时间内痊愈。作为患者的家人要多关心患者，安慰患者，嘘寒问暖，精心照料并鼓励他们，为他们寻找好的药物，好的医师。

（2）敏感心理，得病的人做事情总会很审慎，害怕自己的病恙惹人讨厌，给家人添麻烦，成为家人的累赘。于是他们变得分外的敏感和小心翼翼，并十分注意家人的一举一动，言谈态度。而家庭成员这时要注意自己的态度，用温和的笑容，体贴的语言，温柔的抚慰来化解病人的不安、敏感的心理。

（3）依赖心理，有的患者在患病后会有严重的依赖心理产生。他们会有意无意地感觉自己虚弱，感到非常需要家人的照顾，即使得的只是小病，也想要家人无微不至的关心和照顾，而事实上他们是完全有能力照顾好自己的。对于这样的患者，家人既不能纵容迁就，也不能过分冷淡，要以适当的态度对待，并逐渐减少照料的时间，鼓励他们自己照顾自己。

（4）焦虑心理，患者在患病时如果久未治愈，就很容易想入非非，朝不好的一面去想。他会觉得自己会不会是患了绝症或是永远也不可能治好了，变得非常焦虑，使病情更加恶化，小病变大。家人要在这种情况下很好地劝导、安慰患者，帮助患者摆正心态，并经常找一些相关疾病治愈的报道给他们，让他们尽快摆脱心理负担，卸下包袱，轻装上阵，重拾自信。

（5）就医时的心理，就医时容易产生两种不良的心理。一是羞愧心理。当患者的患病部位比较特殊的时候，面对家人、医生都会羞于开口，更不好意思接受检查。这时家人要告诉患者无论哪里患病都是正常的，没有必要羞愧，并为患者做好保密工作。二是恐惧心理。患者，尤其是重病患者，需要开刀或做一些特殊治疗的时候，由于患者对医疗器械，治病过程的不了解，难免会产生恐惧的心理，甚至会不愿意接受治疗，使病情恶化。这时家人一定要做好劝导、安慰、说服的工作，尽量让患者摆脱这种心理负担，轻松愉快地面对治疗，接受治疗。

（6）自尊心理，患病的人由于脆弱，但又不愿意别人把自己当作无能的人，因此更加需要别人的尊重。他们需要亲人朋友医护人员的照顾和关爱，但又不希望别人把自己当作什么都不能做的“废人”，于是有的时候又会拒绝别人的照顾，强调自己可以做到。所以，当患者出现这种心理时，家人一定要注意不要过分地“无微不至”和表示怜悯，而要给他们保留一定的空间，让他能够证明自己的能力。

（7）绝望心理，绝症患者通常会出现绝望心理。当自己的病被确诊为绝症的时候，会给患者及其家人带来巨大的打击，尤其患者会感到绝望，不如早点儿离开这个世界，也省得给家人带来更大的拖累，并容易导致轻生。这时的家人切忌过分悲痛，常常以泪洗面，更不能在患者面前这样，要尽量让自己坚强起来，以一种积极向上的态度来带动并感染患者，不让患者失去信心，帮助他们建立顽强、乐观的心态来对抗病魔。

患者在患病以后除了产生求医心理外，还会产生许多不同的负面消极心理，作为患者的家人、朋友应该以一种正确的心态来面对患者，帮助他们，鼓励他们早日从疾病的阴影中走出来。

家中有人患绝症时的心理压力

上一节中我们着重介绍了重病病人的心理状态和家人应该做的事情，其实重病，尤其是绝症对病人自己和其家人、朋友造成的心理打击和压力是非常之大的，这一节中我们就来重点讲一下如果家中有人患绝症时给其家人带来的心理问题。

（1）恐惧和不安的心理，当确切的绝症诊断报告摆在家人面前时，这些深爱着自己家人的人会一下子感到不可思议，并不愿意相信这样的现实，对家人的即将离去充满了恐惧和不安的感觉。这样突如其来的打击，容易让患者的家人出现思维混乱，不知所措，坐立不安，并且自我失控，泣不成声，严重的甚至因为承受不了这样的精神刺激而晕倒，昏迷。

（2）悲伤绝望的心理，患者即将离去，患者的家人无疑会十分的悲伤。但各人悲伤的程度会有所不同。越深爱对方的人越难以接受这样的现实，越觉得悲伤和绝望。比如感情深厚的夫妻，一旦一方即将撒手人寰，另一方的悲伤程度、绝望程度就要比子女更加深切。而想到将来就要自己独自生活，不舍的感觉就会更加重这种折磨。这种绝望和不舍不是儿女的难过所能够比拟的。这种心理给老年人带来的伤害尤其严重。

（3）自责和内疚心理，当得知患者将不久于人世，家人会突然想起从前的许多事情，而通常回忆的多是患者对自己的好处和自己对患者不好的地方，或者患者未了的心愿。这就会令患者的家人陷入无尽的内疚和自责的情绪中去。他们会觉得自己从前做的事情不对，不应该惹患者生气，不应该不满足病人的要求，如今却又无法弥补，从而感到后悔万分，捶胸顿足，认为自己不可原谅。尤其是因为各种原因和患者产生误会、隔阂的亲人，在此时的内疚负罪感就更加严重了。

合理的心态调适是缓解这些心理压力的最好方法。

（1）全力医治，即使知道也许已经无药可医也不能够放弃希望，要全力为患者进行医治。要知道只要还有一丝希望也许就会产生奇迹。永不放弃不仅可能为患者挽回生的希望，也会让自己的心理压力得到减轻，无论最后结果怎样，至少能够做到的都已经做到了。

（2）临终关怀，做好患者的临终关怀是让患者感受到最后的温暖、最后的亲情、爱情和友情，这也许就会让患者心满意足地离去。并要注意尽量化解从前的矛盾，不要让患者带着遗憾离开人世。这样做也会让自己无愧于心，并感受到患者能够给予的最后的关怀、温暖和谅解，从而减轻自己的心理负担，无愧于心。

（3）自我安慰，亲人离去的悲伤的确是非常巨大的，心里的痛苦也是无以言表的。也许痛哭一场可以排解一些心理上的郁闷情绪，但是最好的办法还是要自我安慰，调整心态。人总是要死的，有一天自己也会去世，当然不希望自己的家人也悲伤过度，痛不欲生，无法自拔。所以，患者的心理也是一样的，他也不希望由于他的离去给家人带来太大的痛苦和悲伤，而是希望家人能够坚强地好好地继续生活。只要想通了这一点，就能够获得很好的心理疏解，使自己的心理压力减轻，从而才会有更好的心态带动患者，感染患者。

（4）避免自责心理，不要总想着对不起患者的事情或是自己的过错，要知道，人无完人，孰能无过，也许患者早已原谅了自己，早已忘记了你的过错．无法放过自己的人其实只是自己而已。如果实在不能想通，最好是在患者还清醒的时候向患者承认过错，并请求患者的原谅。还可以用行动来表达，做一切自己能够想到的能够做到的对患者有益的事情来弥补过错，减轻自己的心理压力和负疚感。

怎样为家中病人做心理护理

前面我们介绍了患者容易产生的这样那样的心理问题和精神负担，而作为其家人，能否接受现实，并为患者做好心理护理，当一个合格的患者“心理医生”呢？其实这也不是一件十分困难的事情。

（1）急性病期的心理护理，患者突发急性病，本人和家人都缺乏心理准备，又对病情不甚了解，不知道会产生什么样的后果，于是变得焦虑不安、情绪急躁，缺乏耐心和信心。这时，家人要多了解疾病的相关知识，对患者进行劝导和安慰。

（2）慢性病期的心理护理，慢性病让患者自己长时间痛苦不堪，由于一直无法治愈，更容易自暴自弃，认为没有希望了，从而对治愈失去信心。这时的家人应该耐心地劝导，鼓励病人，逐渐适应病情并改善病情，帮患者树立信心和治愈的希望。

（3）危重病期的心理护理，重病患者最容易对自己失去信心，对病情产生恐惧心理，这时的家人应无微不至地照顾患者，并给予他们精神上的支持，帮助他们正确对待疾病，摆正心态，树立信心，从而战胜病魔。

（4）疾病恢复期的心理护理，患者的病情得到好转，自然心情愉快，但有时也会担心病情会不会复发，会不会留下后遗症影响今后的工作和生活。要消除患者的疑虑，就要多进行说明，并让他们进行适当的运动，调整饮食结构，戒掉不好的生活习惯，促进其心理健康的发展。而有的患者在这个时期会急于回到从前的生活工作轨道上去，这时家人给予适当的劝导，告诉他们要循序渐进，不能够操之过急，导致病情的反复。

（5）老年患者的心理护理，老年患者不仅病情难以控制，病程时间较长，其心理上的问题也是最多的。他们容易孤独无助，固执沮丧，不容易接受，不配合治疗。家人要格外策略地帮助他们，开导他们，要顾及他们的尊严和性格，又要避免他们产生强烈的自卑感，要以委婉、和善、诚恳的态度来进行劝导和帮助。

如何避免因家务造成的心理失调

繁重的家务劳动也能够造成家庭成员的心理失调。

在我国，现阶段的劳动结构已经发生了很大的变化。女性不再只是在家做家务照顾孩子的全职太太，而是也要和男人一样工作、一样挣钱的职业女性。所以家务的分配也应该相应的发生变化，应该由夫妻二人共同承担。8小时忙碌的工作之余，一回到家里就有大量的家务等待着，无疑会让人感到疲惫不堪。而如果这时的家务劳动不能合理分配，势必会造成家庭矛盾，导致家庭内部纷争，从而引起家庭成员的心理失调。

造成这种现象的原因无非两种：一是由于传统观念和大男子主义造成的男人在家不干活儿，家务全部由女人承担，或是女性承担相对较多的家务的现象。一旦这种现象产生，很容易让现代女性感觉不平衡，因为都是一样工作，一样挣钱，为什么家务不能共同承担呢？二是家务分配不恰当。男人和女人在本质上就是有所区别的，男人和女人适合干的家务活儿也有所不同，比如女人不适合做强体力、高难度、高技术性的家务，而男人则不适合过于重复冗长、缓慢的家务（但也应根据个人的实际情况有所变化）。这些都导致家庭矛盾的产生，夫妻之间因为家务而经常吵架，影响感情，给对方造成心理影响，危害夫妻关系和心理健康。

怎样进行夫妻在家务劳动上的心理调适，是摆在现代家庭面前的一个关键问题。经研究发现，保持如下原则是十分必要的。

（1）平等原则，在思想上、心理上、行为上都应该保持夫妻之间的平等。男女平等在我国已经提倡多年，要从思想上尊重对方，既不要“大男子主义”，也不要出现“妻管严”的现象。平等的原则要在方方面面得以体现。尤其是家务劳动，夫妻双方都要主动承担，把它作为自己应尽的义务来合理对待。

（2）分工原则，把家务劳动做具体的分工，根据夫妻不同的体质、生理和能力进行合理的平等的分工，各司其职，是能够达到良好效果的。

（3）一致标准原则，很多家务劳动是有标准的，比如衣服要洗几遍，饭菜要做什么标准，房间要收拾到什么程度等等。那么这个标准又应该怎么产生，由谁做主呢？为了不造成矛盾，应该由夫妻双方商量出一个比较具体的、双方都可以接受的标准来。

生活事件对心理的影响

各种各样的生活事件都会对人的心理产生一定的影响。而比重又是怎样的呢？下面我们就以分数的形式做具体而形象的衡量（以10分为评判标准）。

（1）情感类，情感类的事件最容易对人的心理造成影响。失去恋人4.6分，夫妻不合5分，严重争执6分，感情破裂6分，离异6.5分，而最严重的要数失去伴侣了，它的给分是10分或超出10分，而且都是负面影响。

（2）个人学习生活事件类，升学受到挫折4分，加入团体组织4分，参军复员2.3分，工作重大失误5分，受到行政纪律处分4分，收入减少3.4分，失去职务3.7分，退学退休3.5分，妻子流产2.5分，睡觉不规律1.7分。

（3）子女问题类，子女问题对家长来说无疑是重中之重。孩子出生5.8分，孩子行为不端5分，孩子学习困难5分，孩子就业4分，孩子结婚3.8分。

（4）人际关系类，人际关系也是生活中的重要内容，因此它也能给人带来一定的心理影响。家庭出现纠纷5.6分，家人发生事故5.3分，家人重病5.2分，邻里纠纷3.4分，失去朋友4分。

以上事件在一年的时间内，得分超过10分的就会引起一定的心理问题，甚至导致身体问题的产生；如果几个事件同时发生，给人造成的心理伤害更大，加起来超过15分，就会危害人的心理和身体的健康。所以，要注意适时调整心态，保持一颗平和的心，这样才能拥有健康美好的生活。

因财产损失造成的心理障碍

财产损失会给人造成十分严重的心理困扰。尤其是突发性的财产损失，更会让当事人瞬间感到巨大的精神打击，使其精神萎靡，难以面对，失去信心和希望并导致各种身体异常或突发性疾病。心理学家研究表明，正确地对待财产损失是保持心态平衡、心理健康的一大关键。

要正确认识财产损失对财产看得越重的人，在遭遇财产损失时受到的精神刺激越大。因为某种事件能否引起人们心理的严重打击甚至出现心理应激反应，在很大程度上取决于他对这个事件的认识评价。如果他能把财产当作身外之物，能够很好地适应财产损失所造成的各方面的影响，抱着“有钱要好好地生活，没钱也要好好地生活”的态度，认为财产只是对生活的好坏程度有所影响，而不会影响到生活的本质，就会发现生活中还有许许多多花钱买不到或是不花钱也能享受到的东西更加值得我们珍惜。所以，在面对家庭财产损失的时候，要注意调整自己的心态，不要让财产损失造成严重的精神上、心理上或身体上的伤害。

那么，具体有哪些好的方法来帮助自己摆正心态呢？

（1）可以用一些古语古训来安慰自己。比如“破财可以免灾”“塞翁失马，焉知非福”“祸兮福所倚”等。

（2）要告诉自己破财也许是件好事，起码从中学到了东西，所谓“花钱买教训”，得到了一般人所得不到的经验教训，使自己变得成熟，以后再遇到类似的事情时，就会更加理智和成熟。也就是说，要正确全面地认识财产损失，并用发展的眼光来看问题。

（3）最后要用推卸责任的方式来减轻自己的心理压力。比如是社会原因、有关部门措施不当等原因导致治安状况太差引起财产丢失或被盗、被骗。或者由于物品使用寿命、质量等原因导致火灾等发生。也可以认为是天灾人祸，是上天注定的，无法逆转，自己的人生中必有此劫，要想到人的一生不可能永远顺利，肯定会遇到这样那样的挫折。这样，就会使财产损失不再像一座大山一样压在自己的心头了。

适当的宣泄不可以过分压抑自己，应该通过各种渠道来发泄自己的压抑。比如向亲戚朋友诉说，从而获得亲人朋友的安慰和疏导。还可以让自己尽量地发泄出来，比如大哭一场，将心中的委屈、憋闷、压抑和痛苦都哭出来，这样就会感觉轻松许多。也可通过大运动量的文娱活动来麻痹自己，分散注意力，摆脱财产损失给自己心理造成的影响。

第五章
感悟人生

从人生中接受教训

“一切都要过去！”假使我们仔细体味这句古老的格言，它其中含有警戒、安慰、激励、警惕的意味。

人生给予我两个最大的教训。

第一个教训是，我们所生活的这个精神世界是实实在在的，而且总是那样真切。换句话说，信仰不仅是我们心里的一种观念，一种愿望，一种需要，而且还是解释人生的一种哲理。如果信仰只是一种观念，那么这种观念从何而来？如果只是一种需要，那么人类为什么需要他？为什么在人心目中有一种形式上的真空？正如一位伟大的圣哲所说，我们在找到信仰以前，为什么总觉得心里不平静？

第二个教训是，人性不会改变，而生活却可以改变。我想大家对后半句“生活可以改变”的话一定不会感到怀疑，因为改变正是一个不变的人生法则。人生是一条岁月之流，它永远不会保持现状。可是人性是否会不变呢？当然，一个人的性灵和内心的气度是能够改变的，否则信仰便不能发挥作用了。可是，一个人的本质、习惯和特性都会保持不变。假使一个人缺乏幽默感，就没有人能为他加添一分。假使一个人对金钱看得太轻，我们也很难对之加以改变。气质可以改变，但也只是能将之改变一点点而已。假使一个人患有夜盲症，他还能痊愈吗？

可是有些读者从人生中学到的教训却不一样。有一位女读者借两位伟大的导师——美国哲学家约书亚·劳埃斯和劳伦斯——的话，认为人生给她的教训，是要她武装起来，抵挡住苦难。她说：“人生的经历，教我如何与信仰同在，这样可以使我容忍并超越生死所带给我的痛苦。这是我内心所深信的。”活在信仰之中是唯一安全的办法。这需要一段时间的锻炼。正如劳伦斯所说，要把我们自己、我们的亲友、工作，以至烦恼等，常常都看作有圣哲参与其间才是。

能这样做，我们就不致觉得人生太过孤单，因为信仰不在的地方，我们也不会去那里，只有在有信仰的地方我们才会随处都有伴侣。

我们看到这真是一个活生生的有力的教训，可以使一个人内心的气度、生命产生新的神奇，开始新的探索。这位读者一定不会放弃这有史以来许多智者所领受过的经验。

第三位年老的读者说：“人生的经验，使我了解，从头到尾，我的得救是由于他对我的惊人信心。美国诗人魏提尔曾有两行诗句：‘从他对我的要求，我就知道他一定具有什么样的品格。’我曾实践‘你要人家如何待你，你也要如何待人’的处世黄金律，所以我知道他自己也必然会不断地宽恕人家，同样实践处世黄金律。”

德国文豪歌德说过：“人生的经历告诉每个人，他自己是一个怎么样的人。”一个人到了40岁，应该对自己的身体和心智有清楚的了解，知道自己能做些什么。时间驯服我们的全部肌体与灵魂，指出我们的长处，也指出我们发展的极限。

东方有一位皇帝曾说过一句格言：“一切都会过去！”有一位读者说：“这句格言帮助他度过了许多艰难的关头。”还有一种说法是：“没有转弯的路显得很长。”因此，人生的变化也能带来无穷的希望。

假使你觉得疲惫苦恼，那么你就应该想一想，这一切都会过去的。你快乐吗？你的一切所作所为最后都能成功吗？谨防虚荣心和松懈，因为生命转瞬即逝。

正如美国幽默大师马克·吐温所描写新英格兰天气的话那样：“假使你不喜欢当时的天气，请稍等五分钟，它就会变化。”

生命也会消失。如果把欢乐变成狂热，再由狂热化为恐惧，我们就会丧失生命原有的喜悦和神奇。

有一个人曾发出过如此甘美的声音："学我的样式。"是的，要学习如何生活，如何去爱一切，如何期望一切，如何施舍，如何宽恕，使生命成为无上的福祉。

想得开才会过得好

心胸狭窄的人不会快乐。心胸狭窄的最简单的定义是太过分地专注于个人的利益，而容不下别人的利益。

波尔赫特是一位著名的话剧演员，从年轻时起，她在世界戏剧舞台上活跃了50年之久。但当她71岁在巴黎时，却突然发现自己破产了。更糟糕的是，她在乘船横渡大西洋时，不小心摔了一跤，腿部伤势很严重，而且引发了静脉炎。

给她治病的医生认为，必须把腿截去才能使她转危为安。可是，医生迟迟不敢把这个可怕的决定告诉波尔赫特，怕她忍受不了这个打击。

可事实证明，这位医生想错了。当他最后不得不把这个消息说出来时，波尔赫特注视着他，平静地说："既然没有别的更好的办法，就这么办吧。"

手术那天，波尔赫特高声朗诵着戏里的一段台词，毫无悲伤的神色。有人问她是否在安慰自己，她的回答是："不。我是在安慰医生和护士，他们太辛苦了。”

后来，波尔赫特继续顽强地在世界各地演出，又在舞台上工作了7年。

阿根廷著名的高尔夫球手温森德有一次赢了一场比赛后，得到一笔可观的奖金。他拿到支票后，微笑着走出记者的重围，准备开车回俱乐部。

这时候，有一位年轻的女子向他走来。她向温森德表示祝贺后，又说自己可怜的孩子病得很重，如果拿不出那笔昂贵的医疗费，孩子就可能死掉。

她的讲述把这位球星深深地打动了，温森德二话没说，掏出笔在刚刚赢得的支票上飞快地签了名，然后塞给那个女子。他说：“这是我参加比赛的奖金，祝可怜的孩子走运！”

过了几天，温森德正在一家高尔夫球俱乐部进午餐时，一位职业高尔夫球联合会的管理人员走过来，问他是否曾碰到过一个自称孩子病得很重的女子，并且给了她一张支票。

温森德点了点头，感到很奇怪。那个人对他说：“这是停车场的服务生告诉我的。不过，那个年轻女人是个骗子，她根本就没有结婚，更不可能有什么病得很重的孩子！我的朋友，你让人给骗了！——对你来说这一定是个坏消息。”

“哦？你是说根本就没有一个小孩子病得快死了？”温森德急迫地问道。“谢天谢地，这真是一个好消息。”

不必追求每个人的满意

孔子被尊为圣人，圣人讲中庸，普通人更希望讲中庸。但中庸是一门极深的学问，可谓人生的最高境界。大多数人穷其一生，学到的也只是中庸二字的皮毛。因为把握不好中庸的度，中庸都是变形的中庸。一些讲中庸的人，也扭曲了自己的人格。

有这样一则寓言故事：

一个画家画了一幅人见人爱的作品。画好后，他决定拿到市场上检验检验。于是，他把画挂在市场，并在画的旁边放上一支笔，写明“请在你认为不完美的地方做个标记”。

一天后，画家取回了画。天哪，画上到处都是标记。画家失望极了，原来自己的画就这个水平呀！但画家转念一想，不至于呀。自己好歹也是个专业画家，不会差到这个程度。

于是，画家决定再换另一种方法试试。

第二天，画家又描摹了同一幅画，然后挂在市场上，并写明“请在你认为最满意的地方做个标记”。

晚上，画家取回了画。看完画，画家笑了。原来，画上也涂满了标记，在原来不满意的地方，也被人做了最满意的标记。

画家明白了，不论什么事，让所有的人都满意是不可能的，一人一个眼光，一人一个看法，让一部分人满意就足以欣慰了。

在生活中，被每一个人喜爱是何等的幸福，于是有人戴上面具，夹着尾巴做人；有人为了明哲保身少惹麻烦而做和事佬；有人害怕三十年河东三十年河西的反复，于是做人的原则是这个不能得罪，那个又不能处得太近，把中庸奉为人生处世的上策。

讲中庸，人生也许少了一些磨难，但没有性格的人是可悲的人，是被人鄙视的人。“山间竹笋，嘴尖皮厚腹中空；墙头芦苇，头重脚轻根底浅。”心中没有原则，没有信念，在自私之心的驱使下，中庸者虽然不会以势力的强弱作为同盟的对象，但总会对势力强的一方露出谄媚的微笑。中庸之道，却不时背道而驰。

有一个大学毕业生，参加工作的第一年，血气方刚，敢作敢当，初生牛犊不怕虎，他给自己定的座右铭是“走自己的路，让别人去说吧”；第二年，他把座右铭改成“到什么山上唱什么歌”；第三年，他的座右铭换成了“河里的卵石——随波逐流”。

环境影响人，但做人必须有原则，外在的表现是一种形式，内心必须固守自己的尊严。我们没有必要去刻意逢迎什么。

有能力的人才有性格；

有自信的人才有性格；

有性格的人是受人尊敬的；

有性格是造就辉煌人生的前提。

生命之舟需要轻载

以前的经历可以成为我们以后的借鉴，但我们不可因此背上包袱，我们还有很长的路要走。丢掉那些失败、哭泣、烦恼，轻轻松松上路，你会越走越快，越走越欢愉，路也越走越宽。

一个青年背着个大包裹千里迢迢跑来找无际大师。他说：“大师，我是那样的孤独、痛苦和寂寞，长期的跋涉使我疲倦到极点；我的鞋子破了，荆棘割破双脚；手也受伤了，流血不止；嗓子因为长久的呼喊而嘶哑……为什么我还不能找到心中的阳光？”

大师问：“你的大包裹里装的什么？”青年说：“它对我可重要了。里面装的是我每一次跌倒时的痛苦，每一次受伤后的哭泣，每一次孤寂时的烦恼……靠着它，我才能走到您这儿来。”

于是，无际大师带青年来到河边，他们坐船过了河。上岸后，大师说：“你扛了船赶路吧！”“什么，扛了船赶路？”青年很惊讶，“它那么沉，我扛得动吗？”“是的，孩子，你扛不动它。”大师微微一笑，说：“过河时，船是有用的。但过了河，我们就要下船赶路，否则，它会变成我们的包袱。痛苦、孤独、寂寞、灾难、眼泪，这些对人生都是有用的，它能使生命得到升华，但须臾不忘，就成了人生的包袱。放下它吧！孩子，生命不能太负重。”

青年放下包袱，继续赶路，他发觉自己的步子轻松而愉悦，比以前快得多。原来，生命是可以不必如此沉重的。

人生要与成功有约

有目标，人生才不会盲目；有追求，人生才会有动力；有策划，人生才会与成功有约。人的一生需要一个整体策划，人生中的每一阶段也需要各个具体策划。如果你能做到策划一生，那么你必将成功一生。

临近中学毕业之际，比尔·拉福就立志经商。他的父亲是洛克菲勒集团的一名高级主管人员，在商界摔打了很多年，对经商事务了如指掌，深谙其中奥妙。

父亲的熏陶使年少的拉福也一心渴望做一位生意人。他的父亲也已经发现儿子有商业天赋：机敏果断，勇于创新；但同时也感到儿子未经受过磨炼，没有知识，更缺乏经验。

于是，拉福父子进行了一次长谈，共同制订计划，描绘人生的蓝图。

拉福听从了父亲的劝告，升大学时并没有直接去读贸易专业，而是选了工科中最基础、最普通的专业——机械制造。这着棋很绝妙，因为做商业贸易的人必须具备一定的专业知识，在贸易中，工业商品占据了绝大多数，如果不了解产品的性能和生产制造的情况，就很难保证做贸易业务能取得成功。而且，工科学习不仅能够培养知识技能，还有助于使人建立起一套严谨求实的思维体系，训练人的分析、推理能力，使人对工作具有一种脚踏实地的态度。总之，这些素质都对经商有很大的帮助。

就这样，比尔·拉福在麻省理工学院度过了4年本科学习。当然，他并没有局限于学习本专业知识，还广泛接触对经营商业贸易很有作用的其他课程。

大学毕业后，拉福没有立即扎入商海，而是按照原先的计划，开始攻读经济学的硕士学位。在芝加哥大学为期3年的经济课程学习期间，他掌握了经济学的基本知识，深入了解了经济规律，并特意认真学习了经济法律。与此同时，他没有把主要精力用来研究理论经济学课程，而是侧重于学习微观经济活动及管理知识，尤其对财务管理较为精通。

这样，几年下来，令人感到意外的是，拉福在拿到硕士学位后，居然没有立即投身商海，而是做了国家公务员，去政府工作。他为什么会作出这种“意外”的选择呢？

原来，他的父亲——那位老谋深算的商业活动家深知，经商必须具有很强的社会交往能力，人际关系在商业活动中异常重要；要想在商业上获得成功，就必须充分了解人的心理特征，熟悉处世规则，善于与人交往，给人留下良好印象，使人信任自己、愿意与自己进行合作。这些能力，在任何学校里都是学不到的，只有在社会上、在工作中才能锻炼出来，而锻炼的最佳去处就是政府部门。在复杂的政府部门里，为人处世都要格外小心谨慎。

拉福在政府部门一干就是5年，期间他从一个稚嫩的热血青年成长为一名世故、老成、圆滑、不动声色的公务员，并结识了一大批各界人士，建立起属于自己的一套关系网络。

5年的政府工作结束后，拉福已经具备了成功商人所需的各种条件，羽翼逐渐丰满。于是，他决定辞职下海，去了父亲为他引荐的通用公司熟悉业务。

此后，又过了两年，拉福又熟练掌握了商业运作技巧，成绩斐然。这时候，他不愿再耽误更多的时间，婉言谢绝了通用公司的高薪挽留，跳出来自创了拉福商贸公司，开始了梦寐以求的商业计划。

由于拉福的准备工作太充分了，所以他的生意进展堪称神速。20年后，拉福公司的资产从最初的20万美元发展到两亿美元，拉福本人也跻身于受人尊敬的成功商人之列。

1994年10月，拉福率团到中国进行商业考察，在北京长城饭店接受记者采访时，他谈起了自己的经历。他认为，自己的成功应感谢父亲的指导，正是因为父亲帮他策划、设计了一个重要的人生规划方案，才使他最终功成名就，一生无忧。

根据拉福的述说，这个人生方案的成功策划轨迹，如下所示：

工科学习，工学学士→经济学学习，经济学硕士→政府部门工作，锻炼处世能力，熟悉并建立人际关系→大公司工作，熟悉商业环境→独立创办公司，开展经营业务→发展事业，创造财富。

这个人生方案策划的成功之处在于：脉络清晰，步骤合理，充分考虑了个人兴趣、个人素质，着重突出了职业技能的培养。有了这个方案，加上拉福的坚持不懈的努力，他的人生成功就变得顺理成章了。

命运不是任何人能安排的

命运不是任何人能安排控制的，包括上帝。自己的命运只有自己去把握、去创造，只要我们不懈地努力和坚持，就一定可以实现自己心中的梦想。

一位父亲带儿子去参观凡·高故居，在看过那双裂了口的皮鞋之后。儿子问父亲："凡·高不是位百万富翁吗？"父亲回答："在凡·高成名前他只是个连妻子都没有娶上的穷人。"

第二年，父亲带儿子去丹麦，在安徒生的故居前，儿子又困惑地问："爸爸，安徒生生前就生活在这个阁楼里？"

父亲回答："安徒生是位著名的作家，在他成名前是一位贫穷的鞋匠的儿子。"

这位父亲是个黑人水手，他每年都往来于大西洋各个港口之间。这位儿子则是美国历史上第一位获普利策奖的黑人记者。

20年后，在回忆童年时代的这段经历时，这位记者说："那时我们家很穷，父母靠卖苦力为生。有很长一段时间，我一直认为像我们这种出身和地位的黑人，是不可能有什么出息的。好在我有一位好父亲，他让我认识了凡·高和安徒生，这两个人的经历告诉我：'上帝没有这个意思。'"男孩儿最后成功了。

金钱不是人生的一切

让金钱支配了自己的生活，财富使心理压力上升，失去心理平衡，轻松愉快的心情自然就一去不复返了。

从前有位富翁，虽不是富可敌国，却也称得上富甲一方。但他仍然整天忙忙碌碌，不停地赚钱，好像赚钱是他唯一的嗜好，而轻松快乐的生活则与他无缘。

他有位穷邻居，整日都很悠闲自在，不时从他那陋室里传出欢乐的琴声。

富翁感到很奇怪：自己这么有钱，居然没有那个穷小子活得快乐。他问仆人这是什么原因。

这位仆人很聪明，说道："你的邻居之所以快乐，是因为他安于清贫。你若想要他变得不快乐，也是能办到的。"

"怎么做？"富翁问。

仆人说："只要你拿10万块钱给他，他从此就拉不出这么快乐的琴声了。"

富翁根本不信，说："世上的人都离不开钱，哪有人有了钱反而会不高兴的？"

仆人接着说："如果你不信，我跟你打赌好了，要是我输了，就一辈子给你白干活儿，不要一分钱。"

富翁乐坏了，他认为仆人输定了，仆人将一辈子免费为自己工作。退一步说，即使仆人赢了，自己不过损失10万元钱，也仅只算是九牛一毛。这太合算了！于是，富翁怀着必胜的把握满口应允了："好吧！今天我跟你赌定了，咱们立字为据！"

当天晚上，富翁和仆人一起把10万块钱送给了他的穷邻居，还特别强调说，这钱随他怎么花都行。

这位穷人意外地得到一大笔钱，不禁欣喜若狂，他简直不敢相信这是真的。富翁与他非亲非故，平时几乎没有任何往来，怎么会送这么多钱给自己呢？

他首先想到的是，那个富翁是否有什么阴谋诡计？但从富翁的态度和仆人的表情来看，根本不像是在算计他。更何况，他们还给自己留了字据呢！随后，他又想，莫非这些钱是假的，富翁想拿来愚弄自己吗？他仔细查验了一遍，发现钞票全是真的。

这位穷邻居左思右想，百思不得其解。弄得一夜没睡着觉。这些钱应该放在什么地方？存银行吧，现在利息太低，不划算；拿去投资呢，自己又没经验，亏了岂不可惜！要不就去买房子、买家具？但想了想又不太够，全花了，手上又没钱了，况且还需要自己添钱，这也不太好。

那该怎么办呢？他整个晚上想来想去，还是想不出来一个稳妥的好办法。

第二天，他哪儿也没去，怕钱被人偷了。

第三天，他想应该去买些好酒、好肉来享受一番。于是，他去了一家大商场，挑选了一大堆东西。看着他犹豫不定的样子，一个店员始终密切注视着他，像防贼似的。平时他去这家商场只是闲逛，或只买点儿非常便宜的东西，这一次一反常态，更让那位势利的店员对他"另眼相看"了。

当他发觉店员用怀疑的目光盯着自己时，原本愉快的购物变得让他很不舒服。他匆匆付完款就走了。回到家里，心中还有余气，而且又为如何保存或花费钱开始犯愁了。

从那以后，他再也没有心思拉琴了，更别说拉出原来那种快乐的琴声。

对于一个失明者来说，尚能靠脑袋来工作，完成几百篇论文。而健全的你我能吗?

1735年，欧拉研究出了一种计算行星轨道的方法，他立即用它去计算一颗行星的轨道。整整计算了一整天，没有结果。是不是自己的方法不对，经过检查，不是！于是，欧拉忘了吃饭，忘了睡觉，不停地算哪，算哪。

又一天过去了，欧拉想要得到的东西隐隐约约出现在眼前。但一下子却怎么也抓不到。拿笔的手早已酸痛，双眼也刺痛得直流泪。可是，欧拉放不下笔，脑海里全是各种各样的数字、符号，它们使他无法停止下来。

直到第三天，欧拉才终于得出了精确的数字。眼前的数字，放射出金子一样的光芒，令欧拉感到有些眩晕。他沉浸在无比的兴奋和激动之中。但仅仅一会儿，光芒开始慢慢变得模糊起来了，最后竟完全消失。这一短暂的光芒，成了欧拉用眼看到的最后一片光明。

就这样，欧拉的右眼失明了。医生说：这是过度劳累和紧张的结果。

欧拉右眼失明之后，丝毫没有因为这巨大的不幸减弱他的工作热情，他依然忘我地进行他的研究工作。

在圣彼得堡的14年中，无论在失明之前还是在失明之后，欧拉始终保持着旺盛的生命活力和创造力。通过不懈地探索钻研，欧拉在这一时期解决了费尔马数、哥尼斯堡七桥、凸多面体系性数及一些天文学上的计算问题，成为当时科学界一颗耀眼的明星。

1741年，欧拉接受普鲁士国王腓特烈大帝的邀请，从圣彼得堡来到柏林科学院担任数学研究所所长。年富力强的欧拉，经验更加丰富，考虑问题更加成熟，对人生的认识也更加深刻。一眼失明并没有把他推进失望和消沉的深渊，相反更让他感到了生命的可贵。他在柏林度过了勤勉奋发、夙兴夜寐的25年。在这25年中，他研究解决了数论、几何、三角、代数、微积分、无穷级数、微分方程等几乎包括数学所有分支的问题，创立了变分法，出版了《微分学原理》《积分学原理》《力学或运动学的分析》《无穷小分析引论》等具有划时代意义的著作。这些著作，因为它们的开拓性、创造性，而在欧洲数坛上大放异彩。另外，欧拉还在力学、物理学、天文学以及建筑学方面，作出了杰出的贡献。众所周知的数学王冠上的明珠“哥德巴赫猜想”，也与欧拉有着直接的关系。它是1774年哥德巴赫在与欧拉交换信函时提出的，而且欧拉还对“猜想”进行过一番研究。有所得必有所失，做任何事情都必须付出相应的代价。欧拉的继续“过度劳累和紧张”，又需要他付出代价了。

59岁那年，欧拉的左眼开始只能依稀看到前方不远的东西。对于欧拉来说，事态的发展是很容易预料到的。他抓紧最后的时间，在大黑板上奋笔疾书，他发现公式以及种种引证计算，让学生和助手们抄录下来，然后根据他的口授内容写成论文。就在这年，欧拉再次接受圣学院的诚聘，来到俄国。

命运就是这样的让人难以预料。不久，又是在圣彼得堡，欧拉的左眼也完全失明了。

“一位年近花甲的老人将怎样在黑沉沉的世界里度过风烛残年呢？”人们不禁为欧拉感到担心。

但欧拉有真正的科学家的奋斗目标作为他的精神支柱，有事业心、责任感、使命感给他提供战胜一切艰难困苦的无穷力量。他的世界不会是黑沉沉的，因为他的脑海依然清晰，数学、符号、公式、原理、图形组成一个光明的世界。他后面的岁月不会是风烛残年，因为他还要一如既往地勤奋钻研、刻苦工作，奏响生命的最强音。

他凭着良好的记忆，将一切储藏在脑海里，然后计算、思考、论证、研究，他摸索着书写，或是口述出来让他人记录，于是，一篇篇论文、一本本著作又诞生了。他的生命不止，他的奋斗不息。

欧拉是靠脑袋来工作的，漫漫长夜，正是欧拉探索研究需要的环境，虽然不免单调、不免孤寂、不免艰苦。在这漫漫长夜中欧拉克服重重困难，始终保持着旺盛的精力和高昂的斗志，做着明眼人难以做到的事情，直到生命终止。

欧拉在最后的17年间，有几部著作接连出版，有近400篇论文相继发表，解决了科学史上的不少难题，其中包括曾使牛顿颇感头痛的“月离”问题。命运向欧拉屈服了。

经过苦难的人生才幸福甜蜜

在人的一生中，谁都难以躲过“吃苦”这一关。如果在该吃苦的时候不吃苦，那么到了不该吃苦的时候就一定会吃苦；如果在年轻的时候不能吃大苦，那么到年老的时候就不可能享大福。

美国有一个家财万贯的大企业家的千金小姐，在大学期间白天上课，晚上外出打工，以赚取学杂费。有人认为她的父母有些“不近人情”，但这位企业家的回答是：“我这样做只是为了让孩子从小知道生活的艰辛，让她经受一点儿艰苦生活的磨炼。这样，她长大以后才能知道怎样把握自己，如何才能在社会上立足。”

既然本来不需要吃苦的人都有意要使自己吃些苦，那么对于需要吃苦而且必须吃苦的人来说，就更不必抱怨生活的苦难了。实际上，只有吃得苦中苦，才能成为人上人。

香港富豪霍英东出生时，家里穷得无法形容，苦得难以言述。在苦难中长大成人的他，进入社会后的第一份工作是在一艘旧式的渡轮上做加煤的工作。做了不久便被老板炒鱿鱼了。

霍英东天资聪颖，人又勤奋，为什么会被解雇呢？原因是他家贫，长期营养不良，体重只有90多斤，瘦骨嶙峋，根本无法负荷日夜以继的体力劳动。他后来回忆说："早上时体力还可以，但到了晚上我就感到身心疲惫不堪。我当时一日三餐，都是吃不饱的。"

后来，霍英东在启德机场当苦力，每天有七角半工资及半磅米。他说："为了省钱，每天清晨5时就由湾仔步行至天皇码头，坐一角钱船过九龙，再骑脚踏车前往启德机场。"可是由于体力不足，他在扛货时，一只手指被压断了。

工头看他可怜，便安排他做修车学徒。但他爱好冒险，擅自驾车，不小心撞上了另一部货车，于是又被解雇了。此后，霍英东曾应征做铁匠，却因为太瘦弱而没有成功；于是便上船做锅钉的工作，但很快再次被炒鱿鱼；接下来，他又到太古糖厂做制糖的工作。

一次又一次的苦难，并没有击垮霍英东，而是磨炼了他的意志，培育了他的坚强。将近而立之年时，他终于时来运转，短短几年间就发了一大笔财。不久，他又向地产业进军，并参与航运业、娱乐业经营，终于跻身华人超级富豪的行列。

霍英东在发达之后，仍然长期不改"吃苦"的本色。他不抽烟、不喝酒，从不喜欢吃得过饱，主粮是芋头和粟米，每天都坚持游泳。虽然已到了耄耋之年，他依旧挺直、行动敏捷、双目炯炯、精力过人。

坎坷悲惨、多苦多难的童年、少年和青年经历，造就了霍英东后来的辉煌人生。

不把得失看得太重

成功常会成为下一个失败的原因；反之，任何失败也都可能因智慧和努力而成为下一次大成功的原因。

从前，有一位老人上街去赶集，不小心丢失了一匹马。邻居们都替他惋惜。老人却说："我虽然丢了一匹马，但这未必不是一件好事。"

众人听了，都感到老人很可怜。过了几天，丢失的马跑回来了，而且还带回来了一匹骡子。众人见了纷纷羡慕不已。可是，老人却忧心忡忡地说："你们怎么知道这不是一件坏事情呢？"

大家都以为老人一定是让好事给乐疯了，以至于连好事坏事都分不清。几天后，老人的儿子骑着骡子在院子里玩，一不小心把腿摔断了。

邻居们都过来劝老人不要伤心难过。不料，老人笑着说："你们怎么知道这不是一件好事情呢？"大伙儿简直不敢相信自己的耳朵，无不奇怪地悻悻离去。

事隔不久，战争爆发了。凡是身体健康的年轻人都被拉去当了兵，大多数人都战死沙场，没能再回来。而老人的儿子因为腿瘸没有应招当兵，待在家里平安无事。

这个故事，就是著名的“塞翁失马，焉知非福；塞翁得马，焉知非祸”的成语典故。

再大的苦难也要自己承受

在人生的两万多天时间里，没有人从始至终都是幸运儿。

有这样一个令人难忘的故事。

有一个老头住在市郊，一天，他想去城里办点事。走出大门时，正巧有一辆拉煤的翻斗车路过，出于想省钱的目的，他就招手让车停下来，想搭车走。可是驾驶室里已坐满了人，他就自作主张坐在了车斗里。进城后，司机拉着他直奔卸煤点，等到翻斗车将煤卸完，司机才想起老头在后边，急忙下车查看，只见老头挣扎着从煤堆里爬了出来，看见司机幽默地说道：“哟，小伙子，真不好意思，刚才下车时一个不小心，把你的车斗给踩翻了。”

人生一世，草木一秋。人的一生很短暂，在这既短暂又漫长的一生中，没有人从始至终都是幸运儿，我们的生命中，无不交织着喜悦与悲伤，顺利与坎坷，幸运与不幸，得到与失去。正是如此纷繁的内容，构成了生命的多姿多彩，我们才品尝到生命复杂的滋味，到年暮黄昏的时候，也才有了那么多可供回忆的内容。

感谢生活的赐予，不论一帆风顺还是苦难深重。

生活就是一个个难题，我们不断地去破解，最艰难的是解题的过程，承受住那个过程，完成那个过程，人生就多了经历，人生就多了坚强。

人生是个大舞台，也许有笙歌相伴，也许有人不断地穿梭，但主角永远都是我们自己，别人能给我们再大的帮助，他们却无法主宰我们的一生。

我们没有先知先觉的能力，芸芸众生，谁都无法避免苦难的降临。勇敢者、智者面对苦难，能够坦然接受，然后想方设法化解苦难，把它看作是对人生的又一次挑战，也会赢得别人的敬重；懦弱者、愚者面对苦难，好像塌了天，垂头丧气，甚至丧失了生活的勇气，结果苦难更加深重，造成的损失与危害更加巨大，戕害自己的心灵，为别人留下笑柄或提供反面的教材，这样的人生何其可悲。

其实，没有过不去的火焰山，车到山前必有路，重要的还在于你的心态。

有一个神话传说。

西西佛触犯了天庭的法律，被贬到人世间受苦。他所受到的惩罚是要将一块大石头推上山，直到它不再滚下来为止。西西佛推呀推，费尽气力将石头推上山顶，周而复始，永无休止。

天神想靠这样的折磨，使西西佛心灵崩溃而死。西西佛每次推石头上山时，天神都嘲笑、打击他。但西西佛不相信命运，依旧我行我素。他想：既然推石头上山是我每天的任务，那我就每天都来完成，完不完成责任在我，至于石头是不是往下滚，那就和我无关了。再说，石头不往下滚，我又推什么呢？

在西西佛的坦然面前，天神折服了，他无法再惩罚西西佛，便让西西佛返回了天庭。

一切外在的磨难，都会在心灵交会，你的盾牌不是外人的帮助与同情，而是心理承受能力。一帆风顺不会使我们的心灵成长，苦难可以给我们的心灵淬淬火，加点钢。遇到苦难时，沉静下来后，从反面想一想，也许会宽释你阴郁的胸怀。

想一想贝多芬，苦难好像不断地降临在他身上，双耳失聪，双目失明，但他没有垮掉，反而成为一代“乐圣”。

苦难再大，都属于我们自己，不承受也得承受。承受它才能打垮它，不承受就会被它打垮！

记住“重要的不是发生了什么，而是我们做了什么”。

吃亏是一种福

吃亏的目的是留有用之身办更大之事，这正是“留得青山在，不怕没柴烧”。暂时的吃亏，是为了以后更大的获取。

我们的老祖先说："好汉不吃眼前亏。"然而时至今日，我们则说："好汉要吃眼前亏。"

假设这样一个状况：你开车时和别的车擦撞，对方的车只是"小伤"，甚至可以说根本不算伤，你不想吃亏，准备和对方理论一番，可是对方车上下来四个彪形大汉，个个横眉竖目，围住你索赔，眼看四周荒僻，也无公共电话，更不可能有人对你伸出援手。请问，你要不要吃"赔钱了事"这个亏呢？

你当然可以不吃，如果你能"说"退他们，或是能"打"退他们，而且自己不受伤。

如果你不能说又不能打，那么看来也只有"赔钱了事"了。你说他们蛮横无理，欺人太甚，然而，在那种情形下，是不能说"理"这个字的。适者生存，哪有什么理可说呢？因此，以这假设的故事为例，"赔钱"就是眼前亏，你若不吃，换来的可能是一顿拳头或是车子被破坏。

所以说："好汉要吃眼前亏。"因为眼前亏不吃，可能要吃更大的亏。

"好汉要吃眼前亏"的目的是以吃"眼前亏"来换取其他的利益，是为了"存在"和更高远的目标，如果因为不吃眼前亏而蒙受更大的损失或灾难，甚至把命都弄丢了，还说什么未来和理想？

可是有不少人一碰到眼前亏，会为了所谓的"面子"和"尊严"，甚至为了所谓的"正义"与"公理"，而与对方搏斗，有些人因此而一败涂地不能再起，有些人虽获得"惨胜”，但元气大伤！汉朝开国名将韩信是“好汉要吃眼前亏”的最佳典型，乡里恶少要他爬过他们的胯下，不爬就要揍他，韩信二话不说，爬了。如果不爬呢？恐怕一顿拳打脚踢，韩信不死也丢半条命，哪来日后的统领雄兵，建功立业？他吃眼前亏，为的就是留住有用之躯，留得青山在，不怕没柴烧。

所以，当你在复杂的社会中碰到对你不利的环境时，千万别逞一时之勇，也千万别认为“可杀不可辱”，宁可吃眼前亏。

“吃得眼前亏，可保百年身。”

失意时要懂得心宽

人生偶有失意，在所难免，一向得意容易让人忘形；为失败哀怨，对现实不满也是无用之举，一切当以心宽化解之。

俗话说：“世上不如意事常十有八九。”如此人生岂不让人伤心透了？否。有句话你是知道的，叫“好事多磨”。我们应该有这个信念：失意是一种磨炼的过程，心即使在冰冻三尺之下也不会凉的。

“比海更宽的是天空，比天空更大的是人的心灵。”生活不论如何磨人，如何将你压缩在一个四方的小盒子里，但思维的空间是不受限制的，心灵的视野没有藩篱，无比宽广，任你驰骋，来去自如，生命的迷人之处就在这里！

站得高，你就看得远。赤橙黄绿青蓝紫，七彩人生，各色不同；酸甜苦辣咸，五种味道，各有所好；喜怒哀乐悲恐惊，七种情感，品之不尽。没有一帆风顺的人生。如果一生无挫折，未免太单调、太无趣、太乏味。没有失败的尴尬和忍辱哪来成功的喜悦？也许你就是忍受不了人情的冷暖和失败的打击，抱头哀叹，早已说过“不如意事常十有八九”，你自己还会遇到，那就当它是横亘于面前的一块石头吧。摆正它，蹬上去！也许视野会更开阔，心胸会更豁达呢！

人很善良，常常把宽容给了陌路，把温柔给了爱人，却忘了给自己留一点儿。有一句话很有用，叫“没什么”。对别人总要说许多“没什么”，或出于礼貌，或出于善良，或出于故作潇洒，或出于无可奈何，或是真不在意，或是别有用心。不管出于什么原因，难道生活有那么多不尽如人意之处？所以你要劝解自己，也要学着这么说。缺少阳光的日子很忧郁，你要学会说“没什么”，失去朋友的生活很寂寞，你要学会说“没什么”。自己已经很累了，需要一种真诚的谅解，说句“没什么”，对你自己，对自己疲惫的心灵。这么说着，并不是让你放纵所有的过错，只是渴求自拔；也不是决意忘怀所有的遗憾，只是拒绝沉溺。自己劝慰自己才管用。

人有同情心，见别人伤心——除了敌人和仇家——自己也不会快乐，总要上前劝一劝。劝告是出于善心，言语也很有哲理，然而听的人未必都能听得进去，听进去了也未必照此行事，因为剧痛使人麻木。有位作家说：“我不劝任何人任何事。解铃还须系铃人，自己心上的疙瘩只有自己亲自动手方可解开，朋友的话，善良人的话都只是催化剂。自己才是起决定作用的因素。”

总之，失意在所难免，权且把心放宽。

为什么生活中需要一点儿善意谎言

一般人认为，真诚是消除戒心的最好法宝，但在聪明人看来真诚并不等于不要谎言。说谎好不好？让下面这个故事来说明：

这个世界上也找不到一个绝对诚实的人，如果你胆敢说自己绝不说谎，那么这句话本身就是谎言。当别人送礼物给你，你心里不大满意，但表面上却仍说很喜欢，这不是谎言吗？

人性中一条很重要的弱点，就是大家都乐于被虚假的事实所安慰。特别有些就乐意别人的欺骗。比如，三番五次地问恋人：“你爱我吗？”

废话！你当着他的面问，他敢说不爱你吗？“当然爱你了，这个世界上我就爱你一个！”

于是女孩儿高兴了。

有些女孩儿也喜欢问恋人：“以前，你谈过朋友没有？没关系，老实告诉我好了，即使谈过我也不会计较的。”

老实的先生就一五一十地说谈过。好，只要以后吵架，那个女孩儿准会旧事重提，“哼，你与以前的情人如何，如何……”总是在两人关系上投下阴影。

聪明的先生此时都骗一下女友，“没谈过，你是我的初恋。”有些怕女友不信，就说：“谈是谈过，但没什么，只是拉了一下手。”

这样女孩儿一定乐意。

人都喜欢幻想，都喜欢陶醉在甜蜜的梦里，而现实却永远是冷酷的，缺少浪漫色彩。那么有时骗一下人，让他沉浸在梦想里，享受生活的甜蜜，也未尝不是一件好事。你何苦要让他清醒，而面对残酷的现实，感受生活的无情呢？

有一对夫妻，到国外去创业，刚开始时，他们的生意做得比较顺，赚了一些钱。一次，生意上出现了一些麻烦，导致他们的生意破了产。他们一无所有了，而且还要偿还银行贷款，妻子十分绝望，已经没有了活下去的信心，丈夫为了鼓励妻子的信心，就对她说：“你不要急，我还有一部分存款，只是现在不能花，不到万不得已时不能拿出来用。”

妻子听了丈夫的话，心里得到了一丝安慰，她不再绝望了，恢复了继续奋斗下去的信心和决心。其实，丈夫根本没有存款，只不过想通过这个善意的谎言来安慰妻子而已。

其实，人人反对撒谎，但善意的谎言值得提倡。在我们日常工作与生活中，每个人都应该学习这种有效的撒谎方法，它是一种善意的谎言，如果在与人交往中能够灵活运用，一定会使你魅力大增。

学会苦中作乐

岁月如梭，人生苦短。对酒当歌，人生几何？由此一些人逃避生活，另一些人则全心全意地献身于它。

我有一个女同学，因为家里贫困，很早就退学嫁人了。我们猜想她一定是个愁肠百结的女人了，就一起相邀去看她。谁知一看，她竟是一副很满足的样子，有一个爱她的丈夫，有一个可爱的小男孩儿，这就是一个女人的幸福了。日子一天天消逝，后来她的丈夫在一场大病中离她而去，再后来儿子因汽车出事进了监狱。我又猜想她这回一定很痛苦了。有一次我路过她家，特地进去看她。她容颜苍老了许多，额头过早地爬上了一条条皱纹，但她办起了一个托儿所。在与我谈话间，她一会儿抱抱这个，一会儿拍拍那个，满屋子孩子幸福地欢笑，都在她的眼睛里流泻出来。

如果别人能将你的财产、你身外的种种一切都拿走，还不足以证明你是个弱者。

如果谁也拿不走你的快乐，你的自信，你内心的宁静，那么，你已经强大到不可征服。

面对当今越来越复杂、越来越纷乱的社会，在背负巨大心理压力的同时，我们经常还会碰到各种各样的困难和挫折，如失业下岗、家庭变故、婚姻失败、学业不顺、经济问题等诸多问题。当这一切突如其来而无法解决时，一切取决于我们内心是否强大。

是的，每个人的一生都会遇到诸多的不顺心，个性悲观消极的人在遇到困境时，看不到前途的光明，抱怨天地的不公，甚至破罐子破摔，在精神上倒下；而个性积极乐观的人在遇到困境时，能够泰然处之，认定活着就是一种幸福，无论是顺境还是逆境，都一样从容安静，积极寻找生活的快乐，不浪费生命的一分一秒，在精神上永远不倒。

“谁也别想把黑暗放在我面前，因为太阳就生长在我心底。”这是一句挺美的歌词，也说出了快乐的真谛。

人生没有过不去的坎

凭着坚定的理念和梦想，在绝处寻找生机，而不是用死亡来拒绝面对的难题。曾读过一则非常有意思的寓言：

话说两条欢天喜地的河，从山上的源头出发，相约流向大海。它们各自分别经过了山林幽谷、翠绿草原，最后在隔着大海的一片荒漠前碰头，相对叹息。

若不顾一切往前奔流，它们必会被干涸的沙漠吸干，化为乌有；要是停滞不前，就永远也到达不了无边无际的大海。云朵闻声而至，向它们提出了一个拯救它们的办法。一条河绝望地认为云朵的办法行不通，执意不就范；另一条河则不肯就此放弃投奔大海的梦想，毅然化成了蒸汽，让云朵牵引着它飞越沙漠，终于随着暴雨落在地上，还原成河水流到大海。

不相信奇迹的那条河，宿命地流向前方，给无情的沙漠吞噬了。

在面对生活的困境时，我们都可以选择当第二条河，凭着自己坚定的理念和梦想，在绝处中寻找生机，而不是用死亡来拒绝面对难题。

访问过一名乳癌病患者，她透露自己当初在被推入手术房的那一刻，不断地和上帝“讨价还价”，祈求上帝让她多活10年，待她那两个年幼的孩子年长一些，再来把她带走。

在那一刻，孩子成了她活着的最大的意义。为了孩子，她积极乐观地面对病魔，一路走来已有12年，而上帝也未向她“讨债”。患病后认识的另一名女士就没这么幸运了。虽然病情相似，但她却因丈夫离开，生活失去了重心，而自怜自艾，放弃与病魔搏斗。面对死神的挑战，患病不到5个月的她选择弃权，像极了沙漠中被索尽水分至死的第一条河。反观前者，从最初难以接受地不断质问：“为什么是我？”到后来豁达地面对自己的病情，她显然已飞越过生命中干旱的沙漠，尝到了生命源泉的甘甜。

是不是没尝过茶般的苦涩，就无法体会美酒的醉人？难道我们就非得经过挫折和生活的历练，才能真正领悟出活着的意义？

我们周围有很多看似平淡无奇的人，背后其实都有着一个个发人深省的故事，待我们去观察发掘，并引以为借鉴。

第六章
用健康的心态生活

快乐是对生活态度的理解

最近有一本书，是一个正遭受着癌症折磨的女青年写的。她说：

你改变不了环境，但你可以改变自己；
你改变不了事实，但你可以改变态度；
你改变不了过去，但你可以改变现在；
你不能控制他人，但你可以掌握自己；
你不能预知明天，但你可以把握今天；
你不能样样顺利，但你可以事事尽心；
你不能延伸生命的长度，但你可以决定生命的宽度；

你不能左右天气，但你可以改变心情；

你不能选择容貌，但你可以展现笑容。

正是这种对生活的认识，使她能坦然地应对死神的威胁，认真快乐地生活。而生活快乐不快乐，全在自己对生活的态度和理解。这里有一小故事：

一个青年老是埋怨自己时运不济，发不了财，终日愁眉不展。

这一天，走过一位老人，问他："年轻人，干嘛不高兴？"

青年回答："我不明白我为什么老是这么穷？"

"穷？我看你很富有嘛！"

"这从何说起？"青年问。

老人没有直接回答，而是说："假如今天我折断了你的一根手指，给你1000元，你干不干？"

"不干。"

"假如斩断你的一只手，给你1万元，你干不干？"

"不干。"

"假如让你马上变成80岁的老翁，给你100万，你干不干？"

"不干。"

"假如让你马上死掉，给你1000万，你干不干？"

"不干！"

"这就对了，你身上的钱已经超过了1000万了，你还不高兴吗？"

老人说完笑吟吟地走了，留下那青年在思索。

平凡的生活处处充满着快乐。这恰好印证了牛顿的一句话：“愉快的生活是由愉快的思想造成的。”

我们还要唉声叹气吗？我们为什么不做个快乐的人呢？生活中有不顺，有烦恼，有压力，但只要你保持愉快的思想，你就会发现更多的快乐。19世纪的英国数学家、物理学家哈密顿说：“欢乐就是健康，反之忧郁就是病魔。”你选择哪一种呢？

《运动与休闲》登过一篇文章《健康快乐的秘诀》，你不妨试试这些“秘诀”，你会发现它们的确会帮助你摆脱烦恼而愉快起来。

（1）做一做那些你想做却没有时间做的事情。

（2）给一个疏于联络的老朋友打电话。

（3）忘记过去某个时间让你生气的某个人或某件事，用记忆中快乐的片段来代替不愉快。

（4）与一个闷闷不乐的人共读一则笑话——笑话是灵丹妙药。

（5）不要轻易许诺。

（6）鼓励别人，给予他人帮助。

（7）尽量与你的家人和朋友在一起。

（8）多赞美别人，因为这可能是他最需要的礼物。

（9）当你发现做错了事情时立即道歉，道歉不是弱小的表现，而是勇气的象征。不要自夸，如果你做了好事，最终会有人发现。

（10）试着去理解一些与你的想法相异的观点。

（11）放松，当你想发脾气的时候，问问自己这件事情可会影响我一个星期？当有人开玩笑时你要笑得最响亮。

（12）交一个朋友，就如在人的面前展现了一个新的世纪。

（13）不要对一个认真做事的人说泄气的话。

（14）对好事表示欣赏，这样既阐明了你的观点，又培养了良好的心境。

（15）读一本好书，扔掉那些坏书。

（16）需要勇敢的时候，问问自己："人生能有几回搏？"

（17）好好照料自己。对食物有所选择会让你感觉更好，外表也会更美观。

（18）不要听任烟雾污染你的空间，及时制止在你周围吸烟的人。

（19）还掉你借的书，整理衣柜中的衣物。

（20）把抽屉里的照片取出来装入影集。

（21）看到人行道上有果皮，拾起来扔进垃圾箱里别置之不理。

（22）不要说你自己都怀疑是对是错的话，不要做你自己也不知道是错是对的事情。

（23）满怀喜悦地看待世界的景观。

（24）昂首挺胸地走路，多多微笑，你看起来至少要年轻十岁。

（25）不要害怕说："我爱你。"这是世界上最美丽的语言。生命中有了爱做伴，你就会有所收获。

我们在日常生活中，应当勇于面对现实，并学会在现实中寻找快乐的感觉。

生活虽是一个经常碰到的真实的概念，但许多人却不了解它的本义，他们往往超脱现实而存在，把自己寄托于无望的梦想之中，但到头来得到的却只是"竹篮打水一场空"。所以，学会在现实生活中快乐地生活十分重要。

1. 平淡的日子，可以有不乏味的感觉

我们时常抱怨每天的生活平淡乏味，其实，这不过是发现了一个真理——生活原本就是平淡无奇的。人之所以有不同的生活，当然是由于诸种因素的影响有所不同，但从根本上说是由于有不同的心态。任何人的生活都有一个常规，而这个常规意味着每天要过同样的生活，平淡无奇的生活，曲折是有的，高潮是有的，但更多还是平淡无奇，甚至是艰难困苦、需要拼搏的生活，这就要靠一颗从容稳定而又积极热情的心去体验。

生命只有一次，时间无比宝贵，你出多大的价钱也买不来。你觉得日子平淡，事情不如意，或什么事情自己没做好，这有多大关系？抓住现在，重新开始！小孩子搭积木，喜欢推倒重来。我们也要积极探索，多几次新的尝试，正视生活中的一切。现实不可改变，那就接受；接受下来，再去寻求改变的可能。没有过不去的事嘛！你仔细想想，是不是这样？

人间的不幸和悲剧除了战争、灾难和犯罪之外，主要是由什么因素造成的？不正是由陈腐的观念和不良的情绪造成的吗？不妨想一想，你所认识的那些感到幸福与自由的人们，他们似乎在任何一处都能找到快乐，其奥秘何在呢？

为了揭穿这个奥秘，我们可以做个小游戏。你口袋里有一枚一角的硬币，一般你不会珍惜，丢失了也不在乎。但是，当它滚落到某个角落或地沟里，你花费了一番力气终于找到了它，于是，它就变得比原先宝贵了。这就是寻找快乐的奥秘。快乐与幸福是事情的结果与个人所选择、期望的目标相符合的结果。目标越重要，实现它的困难越大，一旦达到目的，如愿以偿，愉快的感觉也就越强烈。

有选择才有目标，有追求才有兴趣，有付出才有收获。如果不是这样，还说什么生活有意思？

没有钱，简直要命，当然会使生活变得更加没意思。有了钱，就有意思，可这意思就在于为了挣钱而付出了辛苦。如果一个人终日养尊处优，无所事事，他也同样会感到生活乏味没意思。

没下海的人准会说那下海弄潮的人活得有意思。可是已经在商海里扑腾了几回、发现挣钱很难的人又会说，海上风光如海市蜃楼，也没多大意思！

由此可见，问题不在于生活本身有没有意思，而在于你以什么样的心态、意识去感受，在于你有没有选择的兴趣和追求的信心。平淡的日子，你可以有不平淡的感觉；没意思的事情，你可以寻求它的有意思。这不是知足常乐，而是一种不知足也可以常乐的生活态度。

我们无法否认人世间有许许多多的状态和时空，它们是无法超越且难以改变的，但生活本身确实有许多精华存在于许多芜杂之中。我们不妨将人生喻为淘金、开矿、挖掘宝藏，可以把自己看作一个淘金者、开矿人。生活这座宝矿风情万种，它可能给你很多美好而宝贵的东西，颇具诱惑力，但也可能给你许多你不想要的东西，而且险象环生，颇具挑战性。因而人生的真谛恰恰在于穿过荆棘去寻找花朵，在于搬石挖土而开掘宝藏。这样来看，任何一个已经到手的“意思”——有价值的东西，不会比人们寻找它的过程更有意思。所以，你对生活的感觉主要取决于你的心态——你的选择与追求。

2. 在诱惑中，学会乐观地享受生活

我们生活的这个世界，确实有许多美丽可爱之处存在，值得我们发现和欣赏。你感到自卑吗？感到别人是“阳春白雪”，而自己是“下里巴人”了吗？大可不必，也没什么道理！人类只有一个莎士比亚，只有一个曹雪芹，只有一个贝多芬，只有一个居里夫人，也只有一个爱因斯坦……其实这些人的日子又何尝不平淡呢？而且他们都品尝了许多痛苦。你羡慕的只是他们的成就，而没有懂得他们对平淡的日子的感觉。你玩保龄球、高尔夫球觉得快乐，我抱着几块钱的橡胶篮球也一样生龙活虎！风何必和煦，天何必碧蓝？绿树平湖，鸟语花香，是美的意境：“古道西风瘦马”，凄风冷雨晴夜，秋风落叶凋花，北风枯树狂雪，也是一种意境，也有一种美感。生活中有温柔之美、和谐之美，也有苍凉之美、悲壮之美。

《生活细笔》中说得好："我不是个画家，但撷取美的片刻，是我的心愿；我不是个作家，但记录每一次的感动，是我的习惯。"

仔细想想，生活本身即是书，即是画。也许前一刻我们是阅书观画的读者，而后一刻，却又变成书中主角、画中人物了。更有可能，我们同时即是读者又是主角。

每个日子，都是内容不同的一本书，风格迥异的一幅画。只是我们的脚步太匆忙了，常常忘记去读它、欣赏它。随意地浏览过去，便断言生活是一味地今日抄袭昨日，只是公式化的衣食住行罢了。阅读，不仅是认识符号而已，更要懂得符号所传递的内涵；而观画，也不只是五彩缤纷的调配，细细想来，画画原是有画。

我们很需要抛弃以往的习惯，培养一点儿新的习惯。感到苦恼吗，心理的压力难以承受吗？那么，你可以把苦恼和压力抛到一边，甩得远远的，然后该干什么就干什么；你也可以把苦恼和压力埋在心底，体会它的沉重，让苦涩的滋味流入心田，化作一丝震撼与推动；你还可以走出去，找你的知心朋友诉说衷肠，甚至痛哭一场！品尝痛苦，是冷静的思考；可贵的交流，是一种自我斗争后的彻悟。经历几次三番品尝，你会变得坚强而成熟。

当你从高层建筑上俯首下望，你会发现汽车小如烟盒，骑自行车的人渺小如火柴棒。在无限的宇宙中，地球的地位不如一粒沙子，而一个人在地球上的地位还不如一粒沙子中的某个原子。我们若从高处远处看问题，自己的难题和失意又算得了什么呢？人生在世，既不要夸大自己的幸运，也不要夸大自己的厄运。实际上，幸福也好，不幸也罢；平淡乏味也好，富有情趣也罢；青春勃发也好，年老体衰也罢，无非都是自我感觉，自我的心理反应。心理学发现：如果你哭，你真的会伤心起来，好像你的一切都是一场悲剧。这说明，一个人在任何情况下都可以选择痛苦，也可以选择快乐。情绪对人生效率具有巨大的影响和力量，我们为什么不对自己微笑呢？请你丢掉人生旅途上不必要携带的行李，轻松一些，对自己微笑，也对别人微笑，不管有没有理由，只要发自内心，经常试一试，你会慢慢地高兴起来。你甩掉了包袱，就会奋然前行！

3. 活在今天，而不是昨天和明天

如果你是为往事而悔恨、为未来的事情而担忧，那你就是在与乐观为敌，就是生活在不切实际的梦境之中。这是人的一生中最有害的两种情绪，它不会帮你改变过去与未来，却会使你陷入惰性与悲观的泥潭——失去现在！

我们的眼、手、整个的心灵和身体都生活在现在，也只能生活在现在，为什么要去一遍又一遍地回顾往事、忧虑未来呢？实际上，过去的事情不论多么值得流连或是多么需要悔恨，那只是毫无意义的心理反应，“过去”已经过去了，已经不存在了，而未来尚未到来，也是不存在的。人生就像爬山登高，爬到中途的时候，不必往下看，也不要过多地往上看。因为你不大可能看到顶峰，不大可能看得很远、很清楚，何必要为看不清楚的未来费神费力，分散注意力呢？在这里，我们有必要分清悔恨过去、忧虑未来和吸取教训、计划未来，这是性质不同的两回事。虽然两者都是对过去与未来的关注，但前者的关注产生惰性和消极情绪，如心烦意乱、精神空虚、情绪消沉等，它们阻碍我们吸取教训和计划未来。因为一个人在情绪消极的时候，是什么事也做不好的，甚至连吃饭睡觉都不能正常。如果是吸取教训、计划未来，那是个人发展过程中的必要环节，你会决意改进，重新开始，并紧紧抓住现在的时机，毫不放松。“假如当初……”“将来如果……”这类的诡辩式的思维逻辑，只能把人引进死胡同。所以有位作家说：“一周之内有两天是绝不会使我烦恼的。对于这两天，我丝毫不会为之感到担忧和烦恼。这就是昨天与明天。”这真是高明的见解和积极的心态，丢掉“昨天与明天”这两个沉重的包袱，就会在人生的山坡上自信而快乐地攀登，就会紧紧地抓住眼前的石头、树根，奋力地攀登，就会把个人头上的一方天描绘得更美好！

你读过《年历》这个故事吗？

一位叫工藤的先生收到了一张最中意的年历，有两张报纸那么大，上面印着从1990年到2001年共12年的日历。

“太棒了！可以用到21世纪的年历，这还是头一回看到呢！”工藤夹着卷成筒状的年历回到家。

夫人发愁地说：“这么大的年历往哪儿挂呢？”

房间的墙壁几乎全被家具挡住了，连孩子的房间也贴满了歌星的大照片。

“没法子，挂到卫生间的墙上吧。”

虽说不是理想的位置，倒是蛮合适的地方。打那以后有两个多月，工藤每天都观赏那张得意的年历。这么一来，他就经常在上厕所的时候想象一下通向21世纪的将来：儿子大学毕业的年份，女儿20岁的年份都显示出来了。儿子、女儿该办喜事的日子也能推算出来……“3年后的这个时候，怎么也得当上科长了，再过一年的这个月，可以改建住房了。”年已45岁的工藤，手指着年历，编织着希望，临了干脆用彩笔圈了下来。“改建费用借银行贷款的话，这个时候可以返还一半，从这儿开始准备养老的储蓄……”就这样，过了两个半月，工藤忽然变得寡言少语了。

工藤一向以工作迷自居，现在他连到公司上班也懒洋洋的，干什么都无精打采，整天长吁短叹的。显然是忧郁病的早期症状。“怎么变成这副样子了？”这天早晨，工藤抱着想辞去公司职务的念头，蹲在卫生间里，像往常一样端详着年历。从头到尾看下来，每个月份该有大事的地方，都用彩笔标着记号，详详细细地记录着12年的计划。退休的日期也在其内，自己的将来统统可以一眼看到底。

工藤若有所思，猛地站了起来，嚷道：“你这个祸根！”他一把撕下了那张年历。

这张年历早该撕掉！一个人每天都要盘算忧虑着未来的事情，还怎么能抓住今天，生活在现实中呢？细想起来，我们每一个人的实际生活就是现时，除了现在的时光，你无法生活在过去，也无法生活在未来。过去的一去不复返了，而未来在到来之前并不存在，在到来之时也只不过是那个时候的“现在”。可以肯定，在未来到来之前，你是绝无可能生活在其中的。我们何苦要悔恨过去、忧虑未来而放弃现在呢?

假如过去有什么过错，那就承认，吸取教训，也不必悔恨不已，搞得自己灰溜溜的，抬不起头来。而在承认过错、面对现实的问题上，最好来点儿幽默感，用爱默生的话说；“每一天过完了，也就过去了。你已经做了你所能做的一切。其中会不知不觉地混进某些错误和愚蠢的言行，尽快地忘掉它们吧！明天是新的一天，让我们愉快、宁静，以高昂的情绪开始新的一天吧！这样，你过去的蠢事也就无法拖累你了。”

拖累我们，使我们抓不住今天的另一条绳索就是一切都指望未来的心理。传统观念和社会环境总是要求人们为将来牺牲现在。按照这种逻辑，采取这种态度生活，那就意味着没有现在，只有未来，不仅要避免目前的享受，而且要永远回避幸福——因为我们所指望的将来的那一天一旦到来，也就成为那时的现在；而在那时的现在又要为那时的将来做准备。如此明日复明日，今天为将来，幸福岂不是永远可望而不可即吗?

当然，寄希望于未来，如果作为学习和工作上的奋斗目标，期望生活改善，事业有成，这并不错。人应该生活在希望中，以此来促使自己从消沉的情绪中解脱出来，但其实质仍是为了抓住现在的时光去做脚踏实地的努力，而不是回避现实去空想未来多么美好。你可能会觉得在未来的某一天，会发生一个奇迹的转变，让你万事如意，获得幸福。你一旦完成某一项具体业绩——毕业、结婚、生孩子、晋升、出名、成家等等，生活将会真正开始。如果这样想，能使你奋发有为，这当然不错。然而，当那一天真的到来时，却往往是平淡无奇的，不如想象的那么美好。激动一时之后，又会面临新的矛盾和难题。这种把未来理想化的想法是脱离实际的幻想。所以我们应该生活在现时和希望中，而不能生活在对未来的幻想中。如果让未来复未来，可望而不可即的做法成为一种习惯性的循环和固定的生活方式，那就要改变这种病态，打破这种恶性循环，因为它让你放弃了现在。

高尔基指出："世界上最快而又最慢、最长而又最短、最平凡而又最珍贵、最容易被人忽视而又最令人后悔的就是时间。"时间是不等人的。每每回首，你都会意识到一个无情的伴侣无时无刻不紧紧跟随着你——你的死亡。对这位无法摆脱的伴侣，你无须惧怕，因为死亡并非是上帝对人类的惩罚，因为正是死亡的黑暗背景衬托出了生命的光彩。试想，如果生命是无限的，我们还会觉得她无比可贵吗？如果明天是无限的，我们何必要抓紧今天，珍惜现时呢？生命如此短暂，死亡的阴影总是无时不现，你我还可以活多久呢？我们不必为此感到恐惧，应当利用它来帮助我们扪心自问，作出选择："我可以不抓紧自己想做的事吗？""我应该按照别人的意志去度过自己的一生吗？""幸运的机遇和生活的欢乐会自天而降吗？""拖延时间，坐等将来是一种正确的生活态度吗？"对这些问题，你会作出怎样的回答呢？

我们不妨来算一笔账。一般来说，10岁以前，我们过日子是用年来计算的，每每盼望过年，既能穿新的、吃好的，点灯笼放炮，又有压岁钱；20岁左右，我们大都懂得用月来计算时间了，常常期待早春二月、仲夏七月的到来，假日是学生们的天堂；工作以后，30岁左右，我们才知道用天来计算，因为一天不上班干活儿，就会减少一天的收入和收获。生命的价值全凭每一天的辛勤工作积聚而成，一点儿不含糊；如果你很珍惜时间，或是进入中年，就会懂得以小时来计算时间了。

我们不妨再来算一笔账。人生不过七八十年。一日三餐、一夜睡眠，至少要占去三分之一，如果再除去咿呀学语的孩提时代和蹒跚踱步的老迈时光，以及亲友生老病死、婚丧嫁娶等事宜和个人看病、等车、闲逛等消磨掉的时间，真正用于学习、工作和文娱活动的时间会剩下多少呢？屈指可数，相当有限。

珍惜时间、讲求效率与心态积极、执着追求成正比，互相促进。每个人的一生就是由每一天构成的。今天，这平常的一天，既不平淡，也不简单，更不是无数。我们如果每天砌一堵墙，就能建起一座摩天大楼；如果每天行一里路，就能像哥伦布一样环绕地球；如果每天撒一粒种子，就能使百花满园，树木成行；如果每天读一点书，就会成为满腹经纶的专家学者；如果每天都与他人交流，就能摆脱孤独与寂寞，并见多识广……

生命只有一次，每个人在世界上逗留的时间是如此短暂，振作起来，行动起来！抓住今天，关闭昨天和明天的大门，百般珍惜、充分利用今天的时光。如果你旅游到某个城市的时候，突然发现照相机不知怎么丢失了！你当然应该寻找，报案，尽到了应尽的努力，就不要坐等，不要愁眉苦脸，不要把这宝贵的一天，难得的时机浪费在由于遭受损失而引起的懊丧之中。学会在现时中快乐地生活，该做什么就做什么，一个人就能把可能被毁弃的一天，变成有所收益的一天，“现在”永远是行动的时候！

我们要生活在今天，就要抓住今天，因为昨天是作废的支票，明天是一张期票，只有今天才是你拥有的可用的现金！我们只有这样做，才算是选择了一种自由的、充实的、愉快的生活。我们每个人都可以做出这样的选择，抓住体现生命的意义和人生效率的原则！

用你的心体验快乐

如果你的自我意象太微弱，那么即便是面对人群也会让你感到烦恼。

你正在街上散步，天空晴朗，阳光灿烂。你喜欢散步，那很有趣。遗憾的是街上的人太多了。你不由得感到厌烦起来。你在心里说：“人太多了！这使我觉得自己好像无数蚂蚁中的一只微不足道的蚂蚁！”

你的心中充满了忧愁和郁闷，因此散步的兴趣一点儿也没有了。这是你人生中的一种烦恼。你所能想到的仅仅是：作为人群之中的一员，我是多么的微不足道，多么没意义！

这就是不善于运用你的想象——你的自我意象了。你在不知不觉中扯你自己的后腿，使你自己陷入消极。

别人也在这个拥挤的世界中和大家一起生活。有些人对人群毫不在乎，有些人甚至还喜欢人群。你大可不必因为身处人群之中而放弃自主意识。

这些想法对你会有帮助，等你再次身处大庭广众中或其他类似情况时，你可以试试这些办法：

（1）用你的心灵体察你过去的成功，哪怕是部分的成功也行。在你心中描绘那种成功的景象，尽可能赋予它瑰丽的色彩，并以此观看它、感触它。你一向对自己都很满意，现在重新获取这种感觉，使它深入到你的心灵之中，使这种成功成为你的自我意象的一部分。把所经历的失败全抛到脑后，将全部心思专注在成功上面。不要夸大你的失败或自责，那是自卑感的反映。只要使这种可喜的意象复活在你的心中，对自己产生好感就可以了。

（2）回想你生活中的另一快乐时刻，反复地回想它，你不但不要羡慕那些在人群中看起来好像怡然自得的人，相反你要看重你的这一个自我意象，它会帮助你获得成功的感觉。你要与它形影相伴。如果你不首先为你自己着想，别人怎么会为你着想呢？你可以相信这点。

（3）在你散步的时候，你要欣赏自己动作的韵律感，以你真正成功的往事树立并强化你的自信，制订你达到下一个目标的计划。想一些你可以着手进行的事，想一些你想要去做的事，把你准备怎样去做的办法想出来。计划你将运用的策略，切实想一想在实现你的目标过程中可能遇到的现实中的障碍，并预防你可能用以阻碍自己的种种借口。现在，这个目标对你来说切合实际吗？如果不是，那就暂时将它搁置一下，等到适当的时候再去进行。然而，假如你想进行，假如你可以进行，那就不要等到“明天”，明天永远不会来到。

将这个练习——以及书本中所说的另外一切练习——作为日常目标，它们将会帮助你去过更积极、更富创造性的生活，说做就做。

用微笑制造快乐

在绝大多数情况下，微笑明确地表示了：“我喜欢你。你使我快乐。见到你，我很高兴。”

纽约一家大百货公司的人事主任曾经说过：“要是一个女孩子经常发出可爱的微笑，那么，她就是小学文化程度我也乐意聘用；要是一个哲学博士老是板着扑克面孔，就是免费来我的公司当店员，我也不要。”

纽约证券交易所斯坦哈先生曾给卡耐基写信说：“我结婚18年了。这些年来，每天早晨起床到出门的这一段时间内，我很少向我太太微笑，甚至于绝少讲过几句话。自从你传授给我微笑的办法后，我决定试一个礼拜。第二天早晨我梳头的时候，看到自己这一副绷得紧紧的嘴脸，我便对自己说：‘比尔，今天你必须把扑克面孔藏到鞋底下去，你要有笑容，现在就开始。’坐下来吃早点时，我对太太笑着说：‘亲爱的，早安！’这时候的她呀，简直是处于无意识状态，她发呆了。我可以看出她太高兴了。我如此做下去，一直到现在，两个多月了，我们的家庭生活真是改变得太多了。过去我经常批评别人，这些坏习惯我也改过来了。我把责备的话转换成赞赏和激励。我绝口不谈自己所需要的，我尽量地克制这种以自我为中心的弱点，努力去接受别人的观点。我变成完全不同的一个人，一个比以前更快乐、更富有的人了……”

你平常不苟言笑吗？怎么办呢？有一个非常简单的办法：四下无人的时候，你可以强迫自己高兴起来，吹吹口哨哼哼歌，相信你真的会快乐起来。请听哈佛大学心理学教授威廉斯的意见。

情感似乎指引着行动，但事实上，行动与情感是可以互相指引、同时运作的。因此，当你不快乐的时候，你可以挺起胸膛，强迫自己快乐起来。快乐并非来自外力，而是得于内心的情境。要学会“控制自己的思维”。

快乐与否并不在于你拥有什么，你是谁，你处于何种地位，或你在做些什么事情。只要你想快乐，你就能快乐。做同样的事，赚同样多钱的人，其中一个人可以笑口常开，另外一个或许整天愁眉苦脸。为什么会有如此之大的差别呢？答案是：他们的心理状态不一样。

微笑永远是受欢迎的，它来自快乐，也可以创造快乐。

推销怪杰巴赫有个神明的建议：在你心目中确有一个你喜欢的目标，然后朝着目标勇往直前，不可转移。当你把全部精神集中在你所喜欢的事业上时，在往后的岁月之中，你会发觉，你所渴望的机会一个接一个，你都掌握到了。这就像珊瑚静止于水中，而它所需要的原生物却不断地送上门来。

你要时时把自己想象成有才干，待人诚恳，有益于社会的高贵的人，而这种思想必然时时刻刻改变你，使你的人格逐渐接近这种典型。你要知道，思维的力量是无与伦比的。

心中经常保持一种正常的心理态度——毅力、诚实、愉悦。正确的思想乃是创造之母。我们想要获取什么成就，只要心摆在那边，总会有收获。把头抬起，扬起你深锁的双眉，你就是明日的主宰者。

知足和感恩是快乐的源泉

有钱不一定快乐，拥有知足和感恩之心才是快乐的秘诀。

我们要学会感恩和知足，只有这样，我们的生活才会真正快乐起来。

以写《达到经济自由的九个步骤》一书而著名的奥曼，自己买得起劳力士手表和名牌服饰，开得起豪华跑车，也能够到私人小岛度假，却坦白承认她没有满足感，甚至有好友在旁，她仍然感到寂寞。

奥曼说："我已经比我梦想的还要富裕，可是我还是感到悲伤、空虚和茫然。钱财居然不等于快乐！我真的不知道什么东西才能带来快乐。"

像奥曼那样，为钱奋斗了大半辈子才悟出“有钱不一定快乐”道理的人不在少数。她如果肯在圣诞假期静下心来读读普拉格的《快乐是严肃的题目》这本书，她会感悟出感恩之心是快乐的秘诀。

普拉格的书中引述了一个观点：人之所以不快乐，就是因为人本身出了问题，把有问题的部分修理好就行了。根据他的看法，不知感恩是造成不快乐的一大原因。特别是在布施礼物的“快乐假期”里，他提醒做父母的应该好好教导孩子知道感恩与满足。他认为，“如果我们给孩子太多，让他们期望越来越大，就等于把他们快乐的能力给剥夺了。”他认为做父母、做长辈的有责任要求孩子们学会从心里说“谢谢”。

知足也是快乐的重要条件。心理学家常说，佛家早就看出，人类不快乐的最大原因是欲望得不到满足与期望不得实现。而美国文化培养出来的普拉格则详细区分“欲望”与“期望”。他说：“虽然欲望也许有碍快乐，却是‘美好人生’不可缺少和无法消除的成分；期望则是另一回事，例如，我们期望健康，但得付出代价。”

你发现身上长了个瘤，你心怀忐忑找医师检查。一个礼拜后，当听到良性瘤的诊断结果时，你会感到这一天是你一生中最快乐的一天。

事实上，这一天和你怀疑身上有瘤的那一天一样，生理上的健康情形并没有改变，如今你却快乐得不得了。为什么？因为今天你并没有期望自己会很健康。

因此他说我们能够也应该“欲望”健康，但不应该“期望”健康！就好像我们不应期望人生当中许多事：求职口试顺利，投资策略成功，甚至所爱的人长命百岁。他说，如果我们分不清“欲望”和“期望”，我们便会感到“失望”。期望得不到实现，不但会给我们带来痛苦，也会破坏我们的感恩之心，而感恩之心是快乐的必要条件。

所有快乐的人都心怀感恩，不知感恩的人不会快乐，而你期望越多，感恩心就越少。在期望获得满足的一刹那，我们必须想到那绝不是必然的事。既然如此，感恩之心会增加我们的愉悦，也会使我们将来不至于不快乐。

犹太教和佛教都教人随时心怀感恩。犹太教徒凡事都要感谢上帝：为了盘中的食物、清晨醒来、休假，甚至见到美丽的彩虹，都有感激上帝的颂词。

各行各业的人努力工作，我们才有一切衣食器具与避风寒的屋宇，天下各种动物、植物、矿物的存在，提供我们维持生命和赏心悦目的资源。所以，我们必须学会知足和感恩。

快乐发自于内心世界

你快乐吗？

这是一个简单的问题，又是一个复杂的问题。

人生在世，谁都希望生活得快快乐乐。快乐的人生是一次成功的旅行。拥有快乐的心情会感到活着是美好的，但只有理解了快乐的真谛，才可能拥有真正快乐的人生。

快乐是一种发自内心的情感，是一种清澈美妙的内心感受。真正的快乐是生命本性的自然流露，来源于自己精神的内部，并不为外物所左右。

天上有一只鸟在飞。一位锄田的农人叹气道：它真苦，四处飞翔就为觅一口食。另一位倚窗怀春的少女也正好在看这只鸟，她叹气说：它真幸福，有一双美丽的翅膀。面对同一种境况，不同的人有不同的心情、见解。满怀希望，你就会有一种振奋的感觉；失意悲观，你就会有一种痛苦或失落的感叹。当自己人生理想不能实现，或者见解、行为不为世人所理解时，就会迷惘、失意。现实生活中的种种情绪，会使人对境况产生相同的或近似的联想、类比。

有一位小学教师对她的学生进行了一次心理实验。

她对学生们说："最近的科学报告已证实，在学习上，蓝色眼睛的孩子比棕色眼睛的孩子更聪明，学习成绩更好。"她将学生分成"蓝色眼睛组"和"棕色眼睛组"。

大约一周左右，"棕眼睛组"的能力水平明显下降，而"蓝色眼睛组"的能力有了显著的提高。然后她对全班宣布，是她弄错了，蓝色眼睛和浅色眼睛的孩子才是"弱者"，而棕色或深色眼睛的孩子才是"强者"。很快"棕色眼睛"的学生能力提高了，而"蓝色眼睛"的学生能力下降了。

我们的命运，全部取决于我们的心理状态。爱默生说：

"一个人就是他每天所想的那些——他不能够是别的样子！"曾经统治罗马帝国的伟大哲学家马尔卡斯·阿流士，把这个道理总结成一句话——生活是由思想塑造的。

思想本身，以及怎样运用思想，能把地狱造成天堂，也能把天堂变成地狱。

不错，假如我们想的都是快乐的事情，我们就能快乐；假如我们想的都是悲哀的事情，我们就会悲哀；假如我们想到一些可怕的情况，我们就会害怕；假如我们想的是不好的念头，恐怕就很难保持内心的宁静平和了；假如我们想的全是失败，我们就会屡遭败绩；假如我们老认为自己是个可怜虫，大家就会对我们敬而远之。诺曼·文森·皮尔说："你并不是你想象中的那样，而你却是你所想的。"

一个人因发生的事情所受到的伤害，比不上因他对发生事情所拥有的偏见来得深。如果你感到不快乐，那么唯一能找到快乐的方法，就是振奋精神，使行动和言词好像已经感觉到快乐的样子。

快乐人生靠自己

不论外在环境是否狂风暴雨，只要心中有阳光，人生永远充满希望。当消极心情出现时，要让自己的心情转换成积极心态；当忧郁心情出现时，要立即想办法将自己的心情调适到开朗的状态。

有一个女孩子，她生性乐观积极，也很懂得过日子，更知道要如何排解自己的不快。

清晨醒来，她会对镜中的自己大声说："今天是个好日子。"即使昨天的坏情绪尚未恢复，她还是会大声地说。

然后刷着牙，想着刷牙是一件多么令人愉快的事，牙齿将变得洁白干净，不会受到蛀虫的侵袭，口气清新。

洗脸也是一件非常愉快的事，因为清水的湿润，会使脸上的皮肤感到无比的舒畅。这都使她的脑细胞感到无比快乐。

她把细胞快乐论告诉人们，如果我们身上的每一个细胞都很快乐，我们自身当然也会非常快乐。因为人的身体是由60～70兆个细胞组合而成的，所以让所有细胞和睦相处，是生活中最重要的一桩大事。

在我们的细胞之中，有的会若无其事地看着我们痛苦，这可能是因为我们没有和这些细胞和睦相处的缘故吧。

女孩儿的细胞快乐论正是告诉人们必须从内心深处去爱身体中的每一个细胞，不停地与它们对话，让这些原本就健康、活跃的细胞更新苏醒，并发挥正常的功能。

虽然有人觉得这种与细胞对话的方式有些可笑，不过既然是一个不错的方法，就值得试试。渐渐地，你的生活模式就会发生改变。

每天清晨起床，对镜中的自己说：“今天将是美好的一天。”

总是保持着笑容，变得比以前开朗，不再把事情看得太严重，反正天塌下来还有别人顶着，无论何时、何地，总是积极地挑战明天。开始懂得与大家和睦相处，而不是明争暗斗，从心底去爱人，而不是做做表面文章……

不要过于以自我为中心，不要将工作、赚钱的行为视作生活的全部，而是要把它当作游戏般去处理。

当消极心情出现时，要让自己的心情转换成积极心态；当忧郁心情出现时，要立即想办法将自己的心情调适到开朗的状态。

当身体有苦痛时，除了休息及看医生外，还要时常与自己的细胞对话：“我们必须联合起来共同摆脱生理困境。”

自己一定要具备比以往更坚强的意志力，并试图回想让心情愉快的往事。

面对各种竞争与挑战，都要先深深吸一口气，然后做好积极应对的准备。

要知道，人不可能在一时之间就改掉长久的恶习，不过，只要有进步就可以了。而每天不间断地跟自己的细胞对话，会使我们更加认识内在的自己。

小柯曾因为房屋贷款之事而将自己搞得焦头烂额，每月的高额贷款压得他整天闷闷不乐，身体也愈来愈糟。可自从开始与自己的细胞对话后，他认识到借贷已是事实，不可能凭空消失，也不可能因自己的烦恼就立即减少数额。闷闷不乐不过是自寻烦恼，就算当时决定买房子是错误的，现在烦恼也为时晚矣。与其烦恼不堪，不如轻松生活，努力工作，早日把贷款还完。

人生只有一次，无可取代，为什么要因身外之物而烦恼，无辜损伤了自己的细胞。

幸福和快乐就在心中

幸福快乐的秘密在每个人的心中，每个人都具备使自己幸福快乐的资源，只是许多人没有把这些“幸福快乐的资源”运用好而已。

传说在天堂上的某一天，上帝和天使们召开了一个头脑风暴会议。上帝说：“我要人类在付出一番努力之后才能找到幸福快乐，我们把人生幸福快乐的秘密藏在什么地方比较好呢？”

有一位天使说：“把它藏在高山上，这样人类肯定很难发现，非得付出很多努力不可。”

上帝听了摇摇头。

另一位天使说：“把它藏在大海深处，人们一定发现不了。”

上帝听了还是摇摇头。

又有一位天使说："我看哪，还是把幸福快乐的秘密藏在人类的心中比较好，因为人们总是向外去寻找自己的幸福快乐，而从来没有人会想到在自己身上去挖掘这幸福快乐的秘密。"

上帝对这个答案非常满意。

从此，这幸福快乐的秘密就藏在了每个人的心中。

心理学家指出，每个人都具备使自己幸福快乐的资源，像谦虚、合作精神、积极的态度，还有爱心。这些特质几乎在每个人的身上都可以找到，只是许多人没有把这些"幸福快乐的资源"运用好而已。

每一个人都可以通过改变思想去改变自己的情绪和行为，从而改变自己的人生。我们每天遇到的事物，都包含成功快乐的因素，取舍全由个人决定。因为所有事情和经验里面，正面和负面的意义同时存在，把事情和经验转为绊脚石或者是踏脚石，由你自己决定。

幸福快乐的人所拥有的思想和行为能力，都是经过一个过程培养出来的。在开始的时候，他们与其他人所具备的条件是一样的。

情绪、压力或困扰都不是源自外界的人、事、物，而是由自己内心的信念和价值观产生出来的。有能力给自己制造出困扰的人，当然也有能力替自己消除困扰。

相信自己有能力或凡事都有可能，是对自己幸福快乐最有效的保证。

每天都乐趣无穷

你知道快乐是你给自己的一种馈赠——不仅在节日期间才给，而是每年的365天中的每一天都能给予。

再向你提一个建议：不要为你的享乐而设定先决条件。

不要说："等我赚到一万美元，我才可以好好享乐。"

不要说："等我上了那架飞往巴黎、罗马、维也纳的飞机，我就高兴了。"

不要说："等我到了65岁退休时，我就能躺在安乐椅上享受日光浴了……"

享乐不应该有"假如"等等限定条件。

每天的一个基本目标是：你觉得你有权自娱，不论你是一位百万富翁或是一个一文不名的流浪汉。

一个自我意志脆弱的百万富翁可能会对自己说："如果有人把我的所有积蓄夺去，那就没有人会理我了。"

一个自我意志坚强的人可以对自己说："如果债主非得逼我和他捉迷藏不可，那我就借这机会好好活动活动。"

不要欺骗你自己。只要你真想去享受生活的乐趣，你就会发现生活的乐趣，只有你能与你的快乐相处。

因为我们知道，不能快乐相处的人实在太多了。这些人获得一次大的成就后，不但不能轻松愉快，反而变得更加焦虑起来。在他们的心中，每一个人每一件事都紧盯着他们——疾病、诉讼、意外、税务乃至亲戚等等。这些人根本不肯放松心情——除非再一次尝到了他们一直期待的滋味——失败。

你要追求快乐，不要追求痛苦。你要对快乐的美德表示敬意，你要认为自己是有权享受快乐的人。

你可以在下述小事中找到乐趣：美味可口的食物、热情真诚的友情、温暖宜人的阳光和鼓励的微笑。通晓人情世故的莎士比亚在《奥赛罗》一剧中写道："欢悦和行动，使时光短暂。"

不论长或短，你要使你的时光充满愉快的欢笑。欢愉不是人生的一部分，说这句话的人非常可笑，因为他这样无知。但你要宽恕他们，因为他们不如你明智通达，而你知道快乐是真实的。

你知道快乐是你给自己的一种馈赠——不仅在圣诞节期间才给，而是每年的365天中的每一天都能给予。

寻找快乐精神的宝库

热忱是一种内在的精神实质，它深入人的内心，任何不是发自内心的热忱都是虚伪的表现，只有充满了对别人的爱，你才会兴奋你的眼睛、大脑甚至灵魂。

一个人如果知道自己身上蕴藏着这样的力量，那会创造何等的奇迹呀！然而，正如野马只有脱了缰奔跑才能发挥出全部的潜力一样，人也只有在这种情形下才能发挥出自己最大的能量。

克利斯托夫·雷恩活到了90多岁。晚年身体依然非常健康，其实他年幼之时却是体弱多病的，一直让父母很不放心。这样的身体条件，却能拥有那样不可思议的力量，这正是由于他那无与伦比的热忱。

一旦缺乏热忱，军队无法克敌制胜，艺术品无法流传后世；一旦缺乏热忱，人类不会创造出震撼人心的音乐，不会建造出令人难忘的宫殿，不能驯服自然界各种强悍的力量，不能用诗歌去抨击心灵，不能用无私崇高的奉献来感化这个世界。也正是因为热忱，伽利略才举起了他的望远镜，最终让整个世界都拜倒在他的脚下；哥伦布才克服了艰难险阻，呼吸到了巴哈马群岛清新的晨风。凭借着热忱，自由才获得了胜利；凭借着热忱，森林中的原始民族举起了手中的刀斧，砍开了通往文明的道路；也正是凭借着热忱，弥尔顿、莎士比亚才在纸上写下了他们不朽的诗篇。

热忱，就是一个人保持高度的自觉，就是把全身的每一个细胞都调动起来，完成内心渴望去完成的工作。正是基于这种热忱，维克多·雨果在写作《巴黎圣母院》的时候，才把自己的外衣都锁入柜中，一直到作品完成以后才拿出来。他这么做的目的，就是为了能够全神贯注地投入工作。

著名演员加里克的话正是热忱的绝妙注解。一次，当一位事业不太如意的牧师问他，是借助什么力量才把听众牢牢抓住的时候，加里克回答道：“你跟我不一样。你虽然宣讲的是永恒的真理，你自己坚信不疑．但给人的感觉好像是你似乎并不怎么相信自己所说的话。而我呢，虽然我自己知道我说的是一些虚构的、不真实的东西，但我说的时候却像我从灵魂深处都相信它们一样。这就是我们之间的区别。”

苛求完美就不快乐

人人都想追求完美，那是因为我们本来就不完美。

为了完美，我们不知道花了多少心血。结果呢？也许你花了一天的时间就完成了99%，但因觉得还不够完美，于是再潜心加强。一个月后，往前推到了99.9%，值得吗？多花了30倍的心血，进步的幅度却只有0.9%而已，投资报酬率也未免太低了点吧！

是的，万物都不完美，唯一的完美，大概就只有造物主而已。然而，谁又知道呢？

不完美并不代表我们就不能恭贺自己，只要能比以前进步一点，就值得我们骄傲。

有时候我们只要停下脚步，拍拍自己的肩膀说：“今天事情处理得不错。”你是绝对值得赞赏的。

曾读过一个贪心人的故事，说是有个地主去拜访一位部落首领，想要块地。首领说，你从这儿向西走，做一个标记，只要你能在太阳落山之前走回来，从这儿到那个标记之间的地都是你的了。太阳落山了，地主没有走回来，因为走得太远，他累死在路上了。

贪心人走不回来，是因为贪。然而现实生活中还有一类人，他们不贪，可是也走不回来。有一次，有一个人要在客厅里挂一幅画，请邻居来帮忙。画已经在墙上扶好，正准备砸钉子，他说：“这样不好，最好钉两个木块，把画挂在上面。”

木块很快找来了，正要钉，他说：“等一等，木块有点儿大，最好能锯掉些。”于是便四处去找锯子。找来锯子，还没有锯两下，“不行，这锯子太钝了，”他说，“得磨一磨。”

他家有一把锉刀，锉刀拿来了，他发现锉刀没有把柄。为了给锉刀安把柄，他又去校园里的一个灌木丛里寻找小树。要砍下小树，他又发现那把生满老锈的斧头实在是不能用。他又找来磨刀石，可为固定磨刀石，必须得制作几根固定磨刀石的木条。为此他又到校外去找一位木匠，说木匠家有一把现成的木条。然而，这一走，就再也没见他回来。

下午再见到他的时候，是在街上，他正在帮木匠从五金商店里往外搬一台笨重的电锯。

你一定知道，世间的事没有一件是绝对完美的，顶多也就是接近完美罢了，甚至接近完美也是很困难的。对于你要做的事情，如果要等所有条件都具备以后才去做，那你就只好永远等下去了。

一个人如果对自己和他人要求过高，总是追求完美，我们就称这种性格为完美主义者。完美主义者的性格首先表现为固执、刻板、不灵活，给自己或他人设定一个很高的标准，非达到不可，受到挫折就感到很痛苦，不能接受。

某著名汽车制造公司的总经理就是这样的人，虽然公司的销售还不错，但离他的高标准有些差距，他不能忍受，跳楼自杀了。有位软件设计工程师在编程序时要求自己像写古诗一样把字节写得都一样长，结果他日日夜夜地苦思冥想，工作效率和成果可想而知。

有的人要求自己的孩子利用所有的时间学习，不要贪玩，总是督促孩子学习，结果孩子很反感，产生逆反心理，厌学逃学，总也玩不够。所以，完美主义者应该把目标和方法订得灵活一些，要有一种“退一步海阔天空”的心理准备，这条路不行可以走那条，不要在一棵树上吊死，钻牛角尖。

完美主义者往往不愿意接受自己或他人的弱点和不足，非常挑剔。有的人没有什么好朋友，总也找不着爱人，和谁也合不来，经常换单位。为什么？那是因为他谁也看不上，甚至会因为别人的一些小毛病，而忽略了别人的主要的优点。有的人不允许自己在公共场合讲话时紧张，更不能容忍自己在紧张时那不自然的表情，一到发言时就拼命克制自己的紧张，结果越发紧张，形成恶性循环。有的人不允许自己身体有丝毫不舒服，经常怀疑自己得了重病，经常去医院检查。其实，每个人都有缺点和不足，都会有紧张、不适的体验，这是正常的表现，必须学会接受它们，顺其自然。如果非要抗拒自然规律，必然会越抗越烈。

完美主义者表面上很自负，内心深处却很自卑。因为他很少看到优点，总是关注缺点，总是不知足，很少肯定自己，自己就很少有机会获得信心，当然会自卑了。不知足就不快乐，痛苦就常常跟随着他，周围的人也一样不快乐。学会欣赏别人和欣赏自己都是很重要的，是使人更进一步实现下一个目标的基石。

完美主义者容易只顾细节而忘记了主要目标，让别人觉得他捡了芝麻，丢了西瓜。工作常常因此而没有效率。许多时候你要让自己"豁出去"。

完美主义性格的形成和早期教育有很大关系，但成年后还是可以有意识地调整的。你要学会对自己和他人睁一只眼闭一只眼，这样才能看到生活中美好的东西。

用机智化解不顺

车窗外风和日丽，大伟和珍妮的心情都好极了。

"今天我做了件好事。"大伟把音响的声音转小，很得意地对女友珍妮说。

"什么好事？"

"你知道那个小涂吧！"

"小……涂，噢，就是你们银行柜台那个新来的服务员。"珍妮的记性不错。

"是呀！"

"那人看起来呆呆的，是不是出什么事了？"

大伟抿抿嘴，把一抹得意的笑容抿上嘴角："那还用说，今天吓得差点儿尿了裤子。"

"真的？"珍妮的兴趣提高了。

大伟点点头说："今天他忙昏了头，竟然多放了一沓钞票在客人的钱袋里。这一叠就是5 000块。"

"天哪！那他不是赔死了。能不能找得到那个客人哪？"珍妮同情地说。

"就算找得到，他也不见得会承认哪！"大伟说。

"那惨了，小涂只好认赔了。"

"嘿！有我这个诸葛亮在，他惨不了！"大伟神气活现地说，"小涂哭丧着脸来找我商量，我出了个主意，对他说；'有存折就有客户资料，你就打电话给那个客户，对他说你不小心多给了他1万块。'"

"1万块？不是才5000块吗？"珍妮插嘴。

"别急，你听我说嘛！小涂就照着我说的打电话给客户。结果不出所料，那位客户一听，想也没想马上说：'1万块？只看到多了5000块啊！'"

用机智可以化解人生的许多不顺。

一家大医院每日病人很多，医生也以轮班的方式日夜都有门诊。由于门诊很多，被派到门诊的护士人手却不够，往往一个人要当好几个人用，所以有一位妇科的陈医师在为病人看病时不是缺这个，就是少那个，十分不方便。

为了一些材料和未及时消毒补充的器具，陈医师对护士长反映了很多次，每一次护士长都有很充分的理由，不是今天急诊室忽然爆满，只好调门诊的护士啦，就是哪个医生的病号特别多，让护士忙得不可开交，所以没有办法及时准备好器材。反正不论如何，都有很充分的理由，很轻易地就反驳了陈医师的问题，所以问题就一直无法解决。

有一天，一位妇女来看病，刚看到一半，陈医师发现少了一个器材，只好让妇人在诊台上躺着，自己坐在旁边尽量讲些笑话来消除妇人的不安。隔了5分钟护士才匆匆地送来消毒好的器材。

事后，陈医师一反常态地不再像过去那样跑去找护士长理论，听她那一堆辩解。

冷静下来的陈医师，会怎样来处置呢？要是你是陈医师会怎么做呢？

他平静地写了张申请报告送给院长的秘书，报告的内容是："本科因实际需要，必须采购一台全自动消毒设备，请予以核准采购。"

其实陈医师根本不知道是否有这种全自动消毒设备，即使有，必定也价格不菲。

院长看到了这封申请报告后觉得颇为奇怪，于是召开会议了解情况。在这个会议上，上级主管提出了解决办法，做了最好的人力分配。

从此，陈医师的烦恼没有了。

提高自己的智慧，不是为了和人针锋相对，而是要让头脑更为灵巧，找寻到正确的行事之道。

你约会迟到，大概要迟15分钟，那么，你用电话通知对方时，倒不如说："我也许要迟30分钟。"假如你老实地说："我要迟15分钟。"那么，即使你只是迟了14分钟，对方也会觉得已经等你很久了。可是，你说是30分钟，却只是迟了15分钟，他会觉得你早到了，非常高兴看见你。你已经早到了15分钟，他还怎么好意思责怪你？

不要给对方太大的期望，也不要许诺一些什么。当你让他失望，却又很快给他一个惊喜，这样，他会心悦诚服。

即使你没有，你也要设法让他感到你努力不让他失望。

所以，聪明的人不会说"我永远爱你"，他们只会说："我不知道可不可以，但我会努力。"

那么，即使他后来变心了，你也会原谅他，因为你相信他曾经付出最大的努力。如果他一开始便说永远爱你，后来却做不到，你会认为他根本没有努力去做。